Leihmutterschaft interdisziplinär

Asadeh Ansari-Bodewein
(Hrsg.)

Leihmutterschaft interdisziplinär

Aktuelle Perspektiven

Hrsg.
Asadeh Ansari-Bodewein
Philosophie
Universität Trier
Trier, Deutschland

ISBN 978-3-658-43746-6   ISBN 978-3-658-43747-3 (eBook)
https://doi.org/10.1007/978-3-658-43747-3

Die Deutsche Nationalbibliothek verzeichnet diese Publikation in der Deutschen Nationalbibliografie; detaillierte bibliografische Daten sind im Internet über https://portal.dnb.de abrufbar.

© Der/die Herausgeber bzw. der/die Autor(en), exklusiv lizenziert an Springer Fachmedien Wiesbaden GmbH, ein Teil von Springer Nature 2024

Das Werk einschließlich aller seiner Teile ist urheberrechtlich geschützt. Jede Verwertung, die nicht ausdrücklich vom Urheberrechtsgesetz zugelassen ist, bedarf der vorherigen Zustimmung des Verlags. Das gilt insbesondere für Vervielfältigungen, Bearbeitungen, Übersetzungen, Mikroverfilmungen und die Einspeicherung und Verarbeitung in elektronischen Systemen.
Die Wiedergabe von allgemein beschreibenden Bezeichnungen, Marken, Unternehmensnamen etc. in diesem Werk bedeutet nicht, dass diese frei durch jedermann benutzt werden dürfen. Die Berechtigung zur Benutzung unterliegt, auch ohne gesonderten Hinweis hierzu, den Regeln des Markenrechts. Die Rechte des jeweiligen Zeicheninhabers sind zu beachten.
Der Verlag, die Autoren und die Herausgeber gehen davon aus, dass die Angaben und Informationen in diesem Werk zum Zeitpunkt der Veröffentlichung vollständig und korrekt sind. Weder der Verlag noch die Autoren oder die Herausgeber übernehmen, ausdrücklich oder implizit, Gewähr für den Inhalt des Werkes, etwaige Fehler oder Äußerungen. Der Verlag bleibt im Hinblick auf geografische Zuordnungen und Gebietsbezeichnungen in veröffentlichten Karten und Institutionsadressen neutral.

Planung/Lektorat: Frank Schindler
Springer VS ist ein Imprint der eingetragenen Gesellschaft Springer Fachmedien Wiesbaden GmbH und ist ein Teil von Springer Nature.
Die Anschrift der Gesellschaft ist: Abraham-Lincoln-Str. 46, 65189 Wiesbaden, Germany

Das Papier dieses Produkts ist recycelbar.

Vorwort

Das vorliegende Bändchen umfasst im Wesentlichen die Vorträge einer im April 2023 vom Fach Philosophie ausgerichteten Tagung an der Universität Trier. Gastgeber war das von der Nikolaus-Koch-Stiftung geförderte „Forschungsprojekt zum Aufbau eines Instituts für Allgemeine und Angewandte Ethik" im Fach Philosophie. Eine der Zielvorgaben des Projekts besteht in der Initiierung interdisziplinärer Kooperationen, wobei aktuelle Fragestellungen aus verschiedenen Bereichsethiken aufgegriffen werden sollen, die nicht nur die akademische Forschung interessieren, sondern auch eine gewisse gesellschaftliche Relevanz aufweisen und somit dem gewachsenen allgemeinen Interesse an Fragestellungen aus dem Bereich der Angewandten Ethik entgegenkommen.

Die Idee, sich dem Thema Leihmutterschaft zuzuwenden, kam dieser Aufforderung nach Aktualität gleich in zweifacher Hinsicht entgegen. Während andere medizinethische Fragestellungen etwa zur Sterbehilfe oder zum Schwangerschaftsabbruch (mit denen sich ihrerseits in jüngster Zeit in Deutschland politische Diskussionen um rechtliche Neuregelungen verbanden) seit vielen Jahren im Fokus (auch) des allgemeinen Interesses stehen, handelt es sich beim Thema Leihmutterschaft immer noch um ein vergleichsweise seltenes und „exotisches" Phänomen, das zurzeit gleichwohl auf der politischen Tagesordnung steht. Die jetzige Bundesregierung hat in ihrem Koalitionsvertrag für die Legislaturperiode 2021–2025 angekündigt, durch eine Kommission die Legalisierung von Eizellspenden und altruistischen Leihmutterschaften prüfen zu lassen. Unabhängig vom Tenor und Ergebnis der konkreten Ausgestaltung eines solchen neuen Gesetzes erscheint eine Neuregelung schon deshalb angezeigt, weil das momentan geltende (indirekte) Verbot durch das Embryonenschutzgesetz von 1990 schlicht veraltet ist. Der Krieg in der Ukraine hat dann seinerseits ein

Schlaglicht auf die zurzeit bei deutschen Wunscheltern vorrangig gewählte Praxis der kommerziellen Leihmutterschaft und die mit diesem Modell verbundenen Probleme geworfen. Die Tatsache, dass die Leihmutterschaft überhaupt zum Gegenstand politischer Debatten werden konnte und zu einer juristischen Neuregelung führen könnte (welche dann sowohl die veränderten medizinischen Möglichkeiten als auch die veränderten Vorstellungen der Gesellschaft in Rechnung stellen muss), verweist auf ihre vielfältigen bedeutsamen Implikationen hinsichtlich existenzieller Grundfragen. Die Problematik der Leihmutterschaft berührt nämlich mit den erwähnten veränderten Lebensentwürfen mitsamt den sich in ihnen entfaltenden Familienbildern neben den offensichtlichen Abwägungsfragen zur Legitimität des Eingreifens in die Natur durch die Medizin immer auch Überlegungen zu Geschlecht und Geschlechtlichkeit und zur sexuellen und reproduktiven Selbstbestimmung. Damit ist die Diskussion um die Legalität und die ethische Vertretbarkeit von Leihmutterschaft in den Gesamtzusammenhang des Ringens um ein differenziertes Verständnis von individueller Identität und von einer Diversität von Lebensformen einzuordnen, das seit einigen Jahren sowohl in vielen Forschungsdisziplinen als auch in der Gesellschaft selbst verhandelt wird.

Der hier skizzierten Ausgangslage entsprechend bildet der juristische Aufsatz von Scarlett Jansen den Auftakt des Tagungsbandes; Jansen argumentiert für eine Liberalisierung der Leihmutterschaft unter bestimmten Bedingungen, die insbesondere dem Schutz vor Ausbeutung der Leihmütter dienen sollen. Sebastian Jud beleuchtet aus medizinischer Perspektive das Verhältnis von Mutter und Kind in der Schwangerschaft und legt nahe, dass es sich doch um mehr als eine Weitergabe von Genen handelt; damit stellt er ein insbesondere von den Leihmutterschaftsagenturen implizit behauptetes Verständnis infrage, welches die Bedeutung der austragenden Mutter auf ihre Funktion als reinen „Brutkasten" zu reduzieren droht. Der anschließende philosophische Aufsatz widmet sich der Frage nach den grundsätzlichen ethischen Problemen von Leihmutterschaftsverhältnissen sowie den Voraussetzungen, die insbesondere von Seiten der Wunscheltern erfüllt sein müssen, damit die Entscheidung der Leihmutter für ein Leihmutterschaftsarrangement als freiwillig gewählt gelten kann.

Eine soziologische Bestandsaufnahme stellen Johannes Kopp und Lea Schwan in ihrem Beitrag bereit; sie erörtern, warum ein vermeintlich gesellschaftlich derart relevantes Thema in der breiten empirischen Sozialforschung bisher kaum aufgearbeitet wurde, und zeigen mögliche Perspektiven hinsichtlich der generellen Bedeutung der Diskussion für die Soziologie auf. Der psychologische Aufsatz von Dirk Kranz regt unter Rückgriff auf die empirisch-psychologische Forschung zu den drei grundlegenden Bedürfnissen, die für die Bewertung von Leihmutterschaft relevant erscheinen, dazu an, über Bedingungen einer Legalisierung von Leihmutterschaft nachzudenken, um dem Ausbeutungsrisiko der gegenwärtig im Ausland praktizierten Leihmutterschaft zu begegnen. Somit ergibt sich ein Spektrum von Beiträgen mehrerer Fachdisziplinen, die jeweils dort anknüpfen, wo die andere endet, auf diese Weise einander gegenseitig ergänzen und somit eine differenzierte Perspektive auf Leihmutterschaft erlauben.

Ich danke der Nikolaus-Koch-Stiftung für die Förderung des Projekts, die die Tagung erst ermöglicht hat. Mein besonderer Dank geht an Sophia Mudter für ihre tatkräftige Unterstützung bei der Erstellung des Manuskripts sowie dem Verlag für die Aufnahme des Textes in ihr Programm.

Asadeh Ansari-Bodewein

Inhaltsverzeichnis

Liberalisierung der Leihmutterschaft? 1
Scarlett Jansen

Mutter und Kind in der Schwangerschaft – mehr als Weitergabe der Gene?! 17
Sebastian M. Jud

Leihmutterschaft: zwischen Möglichkeit und Freiheit 25
Asadeh Ansari-Bodewein

Soziologische Aspekte der Leihmutterschaft – ein erstes Prolegomenon 53
Johannes Kopp und Lea Schwan

Leihmutterschaft aus psychologischer Perspektive 81
Dirk Kranz

Liberalisierung der Leihmutterschaft?

Eine Betrachtung aus strafrechtlicher und verfassungsrechtlicher Perspektive

Scarlett Jansen

Zusammenfassung

Die Leihmutterschaft ist sowohl aus familienrechtlicher als auch aus verfassungsrechtlicher und strafrechtlicher Perspektive ein problematisches Feld. Es handelt sich derzeit um ein mit Strafe bewehrtes Verbot. Die Initiative der Regierungskoalition, dies zu ändern, ist aus verfassungsrechtlicher Perspektive zu begrüßen. Denn dieses Verbot bedeutet einen Eingriff in Grundrechte von Paaren, die sich nicht fortpflanzen und auf diese Weise eine eigene Familie gründen können. Weder das Kindeswohl noch sonstige Grundrechte von Kind und Leihmutter rechtfertigen ein absolutes Verbot der Leihmutterschaft. Ein Plädoyer für eine voraussetzungslose Zulassung ist damit jedoch nicht verbunden. Vielmehr sind prozedurale und materielle Regelungen vorzusehen, mit denen betroffene Grundrechte geschützt werden können. Wenn der Gesetzgeber die Leihmutterschaft erlaubt, hat er jedoch einen weiten Spielraum hinsichtlich des Verfahrens und der Schutzvorkehrungen, die insbesondere zu treffen wären, um eine Ausbeutung von Leihmüttern wirksam zu verhindern.

S. Jansen (✉)
Universität Trier, Trier, Deutschland
E-Mail: jansens@uni-trier.de

1 Einleitung und Begrifflichkeiten

Auf Grundlage des 2021 geschlossenen Koalitionsvertrags ist kürzlich eine Kommission eingesetzt worden, die u. a. die Legalisierung der altruistischen Leihmutterschaft prüfen soll.[1] Auch wenn entsprechende Ergebnisse noch auf sich warten lassen, gibt dies Anlass, sich mit den Argumenten für und wider die Leihmutterschaft auseinanderzusetzen.

Die Leihmutterschaft könnte man eigentlich treffender als „Schwangerschaftsspende"[2] (insb. im Fall einer altruistischen Ausgestaltung) oder „Schwangerschaftsdienstleistung" bezeichnen. Es geht darum, dass eine Frau ein Kind austrägt, dessen soziale und rechtliche Mutter sie nach der Geburt nicht sein wird. Soziale Eltern des Kindes sollen planmäßig die Wunscheltern sein, die zugleich auch genetische Eltern sein können.

Zu unterscheiden sind begrifflich damit

- die biologische Mutter, d. h. die Mutter, die das Kind austrägt und gebärt,
- die genetischen Eltern, d. h. die Personen, von denen Eizelle und Samenzelle stammen (dabei entspricht der genetische Vater dem biologischen Vater),
- die sozialen Eltern, die später die Rolle der Eltern übernehmen sollen und
- die rechtlichen Eltern, die den rechtlichen Status als Eltern innehaben.

Danach kann ein Kind, das mithilfe einer Leihmutterschaft zur Welt kommt, mehrere Elternteile haben: die Leihmutter, die biologische Mutter ist, die davon möglicherweise abweichenden genetischen Eltern und die sozialen Eltern, die Wunscheltern. Aus rechtlicher Perspektive ist Mutter diejenige, die das Kind gebärt (§ 1591 BGB). Als rechtlicher Vater gilt zunächst (ohne Anerkennung oder Feststellung) der Ehemann dieser Mutter (§ 1592 BGB).

Dieses Szenario wollte der Gesetzgeber bei Erlass des Embryonenschutzgesetzes im Jahr 1991 verhindern. Insbesondere einer gespaltenen Mutterschaft gelte es vorzubeugen.[3] Daher ist die Leihmutterschaft in Deutschland verboten. § 1 Abs. 7 ESchG verbietet es, verbunden mit einer Strafandrohung, bei einer Frau, welche bereit ist, ihr Kind nach der Geburt Dritten auf Dauer zu überlassen, eine künstliche Befruchtung durchzuführen oder auf sie einen menschlichen Embryo zu übertragen. Darüber hinaus enthält das ESchG mehrere weitere Straftatbestände, die eine gespaltene Mutterschaft verhindern sollen, so

---

[1] Koalitionsvertrag (2021).
[2] Küpker (2013): 635.
[3] Bundestag (1989a): 6 f.; Bundestag (1989b): 7.

das Verbot der Übertragung einer fremden unbefruchteten Eizelle auf eine Frau (§ 1 Abs. 1 Nr. 1 ESchG), das Verbot, eine Eizelle zu einem anderen Zweck künstlich zu befruchten als eine Schwangerschaft der Frau herbeizuführen, von der die Eizelle stammt (§ 1 Abs. 1 Nr. 2 ESchG) und das Verbot, einer Frau einen Embryo vor Abschluss seiner Einnistung in der Gebärmutter zu entnehmen, um diesen auf eine andere Frau zu übertragen (§ 1 Abs. 1 Nr. 6 ESchG). Nicht bestraft werden jeweils nach § 1 Abs. 3 ESchG jedoch die Wunscheltern und die Leihmutter, sodass sich die Strafandrohung insbesondere an die beteiligten Mediziner richtet. Darüber hinaus ist die Vermittlung von Leihmutterschaft nach § 14b AdVermiG mit Strafe bedroht.

Dieses Verbot führt in der Praxis offenbar zu einem Schwangerschaftstourismus in Staaten, in denen die Leihmutterschaft nicht gänzlich verboten ist.[4] Folge davon sind insbesondere Probleme bei der rechtlichen Anerkennung als Eltern des dort durch eine Leihmutter ausgetragenen Kindes.

Nicht nur vor diesem Hintergrund wird das ESchG als nicht mehr zeitgemäß kritisiert.[5] Im Folgenden sollen die möglichen Gründe für und gegen ein Verbot kritisch beleuchtet werden (II). Anschließend gilt es auf mögliche Ausgestaltungen einzugehen (III), bevor ein Fazit gezogen wird (IV).

2 Das „Ob", insb. verfassungsrechtliche Aspekte

2.1 Ausgangslage: Recht auf Familie und Recht auf Fortpflanzung

Die Wunscheltern können sich zunächst auf das Recht auf Familie aus Art. 6 GG berufen. Danach hat jeder ein Recht auf Familiengründung.[6] Dieses Recht ist nicht auf eine natürliche Fortpflanzung beschränkt.[7] Im Gegenteil ist es geboten, auch neuere fortpflanzungsmedizinische Möglichkeiten einzubeziehen, sodass entsprechende Verbote rechtfertigungsbedürftig sind.[8] Soweit es um die Weitergabe der eigenen Gene geht, ist dieses Interesse durch das Allgemeine

---

[4] Teichmann (2022): 93 ff.
[5] Vgl. Gassner et al. (2013): 20 ff.; Müller-Terpitz (2022a): Rn. 4.
[6] Hillgruber (2020): 12 f.; Lang (2022): 327 ff.; Müller-Terpitz (2022b): Rn. 5; Rostalski und Hoven (2022): 482 f.
[7] Hillgruber (2020): 12 f.; Müller-Terpitz (2022b): Rn. 5.
[8] Ebd.

Persönlichkeitsrecht aus Art. 2 Abs. 1 i. V. m. Art. 1 Abs. 1 GG geschützt.[9] Werden die Wunscheltern gehindert, ihre Gene weiterzugeben, ist also auch das Allgemeine Persönlichkeitsrecht tangiert.

Das Interesse der Leihmutter sowie etwaiger bloßer Spender von Ei- und Samenzellen ist hingegen durch die allgemeine Handlungsfreiheit nach Art. 2 Abs. GG geschützt.[10] Bei zusätzlichem kommerziellen Interesse kommt zudem die Berufsfreiheit, Art. 12 GG in Betracht.[11]

Ob jeweilige Eingriffe gerechtfertigt werden können, ist Gegenstand einer rege geführten Debatte.

2.2 Schutz des Kindes

2.2.1 Kindeswohl

Für ein Verbot der Leihmutterschaft wird zum einen das Kindeswohl angeführt,[12] das sich aus Art. 2 Abs. 1 i.V.m. Art. 1 Abs. 1 GG und der Elternverantwortung aus Art 6 Abs. 2 GG herleiten lässt.[13] So argumentierte auch der Gesetzgeber, dass einer gespaltenen Mutterschaft entgegenzuwirken sei.[14] Ansonsten könne die Identitätsfindung gestört werden sowie die Zuordnung zu einer Familie.[15] Die mit diesen Kindeswohlerwägungen begründete Entscheidung des Gesetzgebers, Leihmutterschaft zu verbieten, sehen einige als von der Einschätzungsprärogative des Gesetzgebers erfasst.[16] Dagegen sprechen jedoch insbesondere zwei Aspekte:

Zum einen liegen mittlerweile Studien vor, die eine solche Kindeswohlgefährdung nicht nahelegen. Sie verdeutlichen, dass die Qualität der innerfamiliären Beziehungen wichtiger ist als die biologische Verbindung.[17] Damit ist freilich die Annahme des Gesetzgebers, dass Kinder von Leihmüttern psychische Probleme haben könnten, noch nicht falsifiziert.[18] Insoweit lässt sich darüber streiten, wie

---

[9] Hillgruber (2020): 12 f.; Kersten (2018): 1248 f.; Rostalski und Hoven (2022): 482 f.
[10] Hillgruber (2020): 14.
[11] Ebd.
[12] Diel (2014): 74; Engel (2014): 558; Hillgruber (2020): 15; Lang (2022): 335.
[13] Di Fabio (2022): Rn. 208; Hieb (2005): 138 ff.; Lang (2022): 332; Müller-Terpitz (2022c): 798.
[14] Bundestag (1989): 6 f.; Bundestag (1989): 7.
[15] Bundestag (1989): 6 f.
[16] Hillgruber (2020): 15.
[17] Golombok et al. (2011): 1587.
[18] Müller-Terpitz (2022c): 798.

weit die Einschätzungsprärogative des Gesetzgebers reicht, ob es mithin einer Falsifizierung seiner Annahmen braucht, soweit sie plausibel sind,[19] damit ein Gesetz verfassungswidrig ist, oder ob nicht der Gesetzgeber bei Grundrechtseinschränkungen zumindest seine Annahmen plausibel nachweisen und nicht nur behaupten muss.[20] Ob Wahrnehmungen des Kindes während der Schwangerschaft und insoweit stattfindende Interaktionen mit der biologischen Mutter zu einer Bindung führen, die eine Kindeswohlgefährdung nahelegen,[21] ist bislang Mutmaßung. Zudem wären therapeutische Maßnahmen nicht ausgeschlossen und mögliche negative Wirkungen womöglich dadurch aufgewogen, dass solche Kinder eindeutig „Wunschkinder" sind.[22]

Doch selbst wenn man die Plausibilität bejaht, kann die etwaige Kindeswohlgefährdung nicht maßgeblich sein. Denn zum anderen begegnet das Argument der Kindeswohlgefährdung dem Vorwurf, dass das Kind anderenfalls überhaupt nicht entstehen und geboren werden würde.[23] Insoweit bestehen also die Alternativen Nichtexistenz vs. Existenz mit gespaltener Mutterschaft. Der Gesetzgeber gibt der Nichtexistenz den Vorzug. Die insoweit angeführte Vorwirkung des Schutzes wäre indes ad absurdum geführt, wenn man damit die Entstehung des zu Schützenden verhindert.[24] Das Bundesverfassungsgericht hat dennoch in seiner Inzest-Entscheidung ausgeführt, dass es Kindern aus Inzest-Verbindungen Probleme bereiten könnte, ihren Platz in der Familie zu finden.[25] Zudem seien die Kinder vor genetischen Schäden zu schützen.[26] Wie auch *Hassemer* in seinem Sondervotum zu Recht betont hat, ist eine Abwägung zwischen der Nichtexistenz und einem beeinträchtigten Leben jedoch „absurd".[27] So wäre es auch nicht denkbar, in Krisenzeiten (z. B. Naturkatastrophen), in denen eine Kindeswohlgefährdung zu erwarten wäre, aufgrund einer Vorwirkung die Fortpflanzung zu verbieten.

---

[19] Hillgruber (2020): 15.
[20] Müller-Terpitz (2022c): 798; Das BVerfG stellte darauf ab, ob eine Prognose vertretbar ist und entscheid nicht, ob es nur einer Evidenzkontrolle vornehmen muss, BVerfG (1979): 333.
[21] Engel (2014): 556; Lang (2022): 335.
[22] Rostalski und Hoven (2022): 484; vgl. Dorneck (2018): 163 f.
[23] Coester-Waltjen (2002): 6; Heun (2008): 53 (zur Menschenwürde); Hieb (2005): 146; Müller-Terpitz (2022b): Rn. 13; Müller-Terpitz (2022c): 799; Velte (2015): 80; dem zustimmend: Biermann (2017): 964.
[24] Vgl. Müller-Terpitz (2022b): Rn. 13; gegen dieses Argument: Taupitz (2014a): Rn. 8; Taupitz (2014b): Rn. 4; Taupitz (2014c): Rn. 10.
[25] BVerfG (2008): 245; sich darauf ebenfalls berufend: OLG München (2017): 960.
[26] Ebd.: 247.
[27] Hassemer (2008): 258; dem zustimmend: Müller-Terpitz (2022c): 799.

Um dem Vorwurf dieser paradoxen Abwägung zu begegnen, gehen einige Stimmen von einem Schutz nicht des individuellen, sondern des allgemeinen Kindeswohls aus.[28] Es solle vorab verhindert werden, dass Kinder von der biologischen Mutter getrennt werden müssten.[29] Einer solchen Argumentation entgegen steht jedoch, dass der objektive Grundrechtsgehalt dadurch gegen den Grundrechtsträger selbst eingesetzt würde anstatt dessen Schutz zu verstärken.[30] Außerdem wird auf diese Weise der objektive Gehalt vom subjektiven gelöst,[31] obwohl der Rahmen durch das subjektive Recht zu setzen ist.[32] Das Grundrecht als objektive Norm kann nicht Werte schützen, die es als subjektives Abwehrrecht nicht beinhaltet.[33] Ein losgelöster Schutz wäre nur bei Staatszielbestimmungen gegeben,[34] zu der das Kindeswohl aber nicht umgedeutet werden kann.

Auch wird bei der hier bevorzugten Ansicht nicht das „Ziel einer höheren Geburtenrate […] verabsolutiert"[35], denn es geht nicht darum, möglichst viele Kinder zu haben, sondern um die Frage, ob man bestimmte Praktiken verbieten darf, mit denen Kinder, deren Wohl potenziell gefährdet sein könnte, geboren werden. Der Gegenauffassung ist indes vorzuwerfen, dass sie das Kindeswohl verabsolutiert und dessen Vorwirkung verobjektiviert, den Lebensschutz hingegen nicht. Würde man hinsichtlich des Lebensschutzes ebenso verfahren, läge eine Kollision vor,[36] die nicht derart einseitig aufgelöst werden könnte, wie die Gegenauffassung behauptet, insbesondere, wenn man das jeweils entstehende Leben nicht bewerten möchte.[37]

2.2.2 Kinderhandel und Würde des Kindes

Ein weiterer Einwand gegen Leihmutterschaft betrifft die Würde des Kindes, die beeinträchtigt sei, weil es zu einer Handelsware und zum Gegenstand einer

---

[28] Hillgruber (2020): 15; Kersten (2018): 1250, der dies mit einer möglichen Technikfolgenabschätzung begründet.

[29] Hillgruber (2020): 15.

[30] Müller-Terpitz (2022b): Rn. 14.

[31] Ebd.

[32] Herdegen (2022a): Rn. 28; vgl. Müller-Terpitz (2022c): 799.

[33] BVerfG (2004): 221.

[34] Müller-Terpitz (2022c): 799.

[35] So aber: Hillgruber (2020): 15.

[36] Vgl. auch in Bezug auf die Vorwirkung der Würde: Rostalski und Hoven (2022): 482, 483 f.

[37] Vgl. Coester-Waltjen (2021): Rn. 32; Coester-Waltjen (2002): 6.

Dienstleistung degradiert werde.[38] Doch wird das Kind in besonderem Maße gewollt und als Subjekt gewünscht. Zudem ist es auch bei sonstigen Formen der Fortpflanzungsmedizin in gewisser Weise Gegenstand des Vertrags. Die Leihmutter verzichtet auf ihr Elternrecht und die Wunscheltern üben ihr Recht auf Gründung einer Familie aus.[39] Zuletzt spricht auch hier wiederum die Alternative der Nichtexistenz dagegen, von einem derartigen vorwirkenden Würdeverstoß auszugehen.

2.3 Schutz der Leihmutter

Neben dem Schutz des Kindes wird auch der Schutz der Leihmutter als Argument gegen die Zulassung der Leihmutterschaft vorgebracht. So wird insbesondere eine Verletzung ihrer Würde aus Art. 1 Abs. 1 GG befürchtet,[40] weil sie zur „Gebärmaschine"[41] degradiert werde.

Indes erklärt sich die Leihmutter freiwillig und aufgeklärt zu diesem Dienst bereit. Ihr Selbstbestimmungsrecht aus Art. 2 Abs. 1 i.V.m. Art. 1 Abs. 1 GG ist daher ebenfalls zu beachten, womit sich die Frage einer Verfügbarkeit über die Würde stellt. Die Würde wird auch durch die Selbstbestimmung des Einzelnen beeinflusst,[42] sodass nur in geringem Ausmaß ein Schutz der Würde vor dem Individuum selbst verbleibt.[43] Bei fehlender Freiverantwortlichkeit oder finanzieller Not kann aber ein weitergehender Schutz angezeigt sein.[44] Solange solchen

---

[38] Flügge (2017): 245; dagegen aber: Dreier (2013): Rn. 157; Herdegen (Herdegen (2022b): Art., 2022b): Rn. 104; Starck (2018): Rn. 97; Starck (1986); Taupitz (2014c): Rn. 14.

[39] Taupitz (2014c): Rn. 14.

[40] Zur kommerziellen Leihmutterschaft: Diehl (2014): 73; gegen eine Verletzung der Würde: Coester-Waltjen 1986; Dreier (2013): Rn. 157; Herdegen (2022c): Rn. 104; Rostalski und Hoven (2022): 482, 485; Starck (1986).

[41] Flügge (2017): 246.

[42] Herdegen (2022c) Rn. 79; vgl. Heun (2008): 57; vgl. Hieb (2005): 157; Taupitz (2014c): Rn. 15.

[43] Herdegen (2022c) Rn. 79. Nachdem das BVerwG Peep-Shows zunächst noch mit der Begründung eines Würdeverstoßes untersagte (BVerwG (1981): 277 ff. mit teils kritischer Anmerkung bei Hoerster (1983): 95 f.; kritisch: Dreier (2013), Rn. 152 sowie Hillgruber (1992):104 ff.), verzichtete es später auf diese Argumentation, vgl. BVerwG (1990): 317; s. aber andererseits: VG Neustadt (1993): 99 (Zwergenweitwurf, wo ein Würdeverstoß wegen des Abstellens auf körperliche Besonderheiten näher liege, so Herdegen (2022c): Rn.83 Fn. 1).

[44] Herdegen (2022c): Rn. 79.

Situationen vorgebeugt wird (dazu noch u. III.), ist eine Verletzung der Würde der Frau jedoch abzulehnen.

Dafür spricht auch ein Vergleich zu anderen freiwilligen und fremdnützigen Verfügungen über den Körper, namentlich Organspende und Prostitution.[45] Bei der Organspende wird der Körper sogar dauerhafter, bei der Lebendnierenspende gar irreversibel beeinträchtigt.[46] Dennoch liegt darin keine Degradierung zu einem „Ersatzteillager", wenn eine freiwillige und informierte Spende vorliegt. Die Lebendorganspende nicht regenerierungsfähiger Organe ist allerdings nur bei besonderer persönlicher Verbundenheit erlaubt, § 8 Abs. 1 S. 2 TPG, und es gilt das Verbot des Organhandels, § 17 TPG. Über ähnliche Einschränkungen für die Leihmutterschaft ist noch zu diskutieren (s. u. III).

Zudem hat sich die rechtliche Einschätzung der Prostitution durch Einführung des ProstG grundlegend verändert.[47] Obwohl man die Dienstleistung der Prostituierten so beschreiben könnte, dass sie sich als Objekt sexueller Befriedigung des Freiers hingibt, liegt darin bei entsprechender Freiwilligkeit keine Verletzung ihrer Würde. Im Vergleich zur Leihmutterschaft ist die Dienstleistung bei der Prostitution von kürzerer Dauer und kann spontan abgebrochen werden.[48] Dies lässt aber im Hinblick auf die Leihmutterschaft nicht auf einen Würdeverstoß schließen, sondern erhöht die Anforderungen an die Aufklärung (dazu noch u. III.). Die Leihmutter muss sich der Tragweite ihrer Entscheidung zum Austragen und anschließenden Herausgabe des Kindes bewusst sein.

2.4 Zwischenergebnis

Das ausnahmslose Verbot der Leihmutterschaft greift in Grundrechte, namentlich insbesondere das Recht auf Familie ein. Dieser Eingriff kann weder mit den Rechten des Kindes noch mit denen der Leihmutter gerechtfertigt werden.[49] Ein Plädoyer für eine voraussetzungslose Zulassung ist damit jedoch nicht verbunden. Vielmehr gilt es durch prozedurale und materielle Regelungen betroffene Grundrechte zu schützen.

---

[45] Mit diesen Vergleichen auch: Duden (2015): 163 ff., der im Ergebnis eine Würdeverletzung verneint.
[46] Kreß (2013): 243.
[47] Bundestag (2001): 3983; vgl. noch zuvor: BGH (1976): 125.
[48] Flügge (2017): 239, 244.
[49] Gassner et al. (2013). 37; vgl. auch: Taupitz (2014c): Rn. 19: „Verbot der Ersatzmutterschaft verfassungsrechtlich kaum zu rechtfertigen".

3 Das „Wie": Mögliche Ausgestaltung

Wird eine Leihmutterschaft zugelassen, sind dennoch Einschränkungen zum Schutz von Kind und Leihmutter vorzusehen. Diese lassen sich unterscheiden in Voraussetzungen, die das Kind (1), die Leihmutter (2) oder die Wunscheltern (3) betreffen. Außerdem sind Verfahrensanforderungen (4) in Betracht zu ziehen.[50]

3.1 Genetische Herkunft des Kindes

Hinsichtlich des Kindes stellt sich die Frage, ob dessen genetische Abstammung bestimmt werden sollte. So wird vorgeschlagen, dass Leihmutterschaften nur mit einer Eizellspende durchgeführt werden dürfen, weil andernfalls eine emotionale Bindung der biologischen und dann auch genetischen Mutter zu befürchten sei.[51] Dies legen in der Tat einige Studien nahe.[52] Allerdings sind damit weitere gesundheitliche Risiken für Leihmutter und Kind verbunden,[53] die nicht zwingend notwendig sind. Insbesondere bei männlichen homosexuellen Paaren wäre es ebenso möglich, die Eizelle der Leihmutter zu verwenden. Das Auseinanderfallen von genetischer und biologischer Mutterschaft ist möglich, wenn die Wunschmutter genetische Mutter sein möchte, was durch das allgemeine Persönlichkeitsrecht geschützt ist, und die Leihmutter damit einverstanden ist. Wenn dies aber nicht möglich oder gewollt ist, sollte auf die Eizelle der Leihmutter zurückgegriffen werden dürfen.

3.2 Anforderungen an die Leihmutter

In Bezug auf die Leihmutter werden Anforderungen an deren Motivation, deren Verhältnis zu den Wunscheltern und an ihre bisherigen Erfahrungen als Schwangere bzw. Mutter diskutiert.

---

[50] Vgl. zu den möglichen Voraussetzungen aus rechtsvergleichender Perspektive: Dethloff (2018): 55 ff.
[51] Rostalski und Hoven (2022): 488.
[52] Bernstein (2013): 291, 317; Trowse (2011): 616.
[53] Altmann et al. (2022): 59 ff.; Kentenich (2020): 25.

Neuere Stimmen plädieren dafür, auch kommerzielle Angebote zuzulassen,[54] während überwiegend bislang nur die Zulässigkeit einer altruistischen Leihmutterschaft befürwortet wird.[55] Auch der Koalitionsvertrag sieht nur eine Prüfung der altruistischen Leihmutterschaft vor.[56]

Gegen die Möglichkeit einer Bezahlung wird vorgebracht, eine Kommerzialisierung berge das Risiko einer Ausbeutung von Frauen in finanzieller Not.[57] Jedoch kann dem entgegengehalten werden, dass aufgrund des Sozialsystems in Deutschland eine derartige Notlage regelmäßig nicht zu befürchten ist.[58] Zudem sind auch Prostitution und Pornographie gegen Entgelt erlaubt, obwohl hier noch eher Abhängigkeitsprobleme zu befürchten sind.[59] Die Freiwilligkeit kann daher auch bei einer kommerziellen Leihmutterschaft gewahrt werden. Des Weiteren wäre bei altruistischen Leihmutterschaften eine innerfamiliäre Drucksituation sogar noch eher zu befürchten.[60]

Zieht man zudem eine Parallele zum Zweck des Organ- und Gewebehandelsverbots nach § 17 TPG, das ebenfalls einer Kommerzialisierung vorbeugt, ergibt sich daraus ebenfalls nicht zwingend ein Verbot der Leihmutterschaft gegen Entgelt. Auch dort soll finanzielle Not nicht ausgenutzt werden.[61] Während es dort insbesondere um die Ausbeutung von Personen aus Entwicklungsländern geht,[62] wäre dies bei einer kommerzialisierten Leihmutterschaft in Deutschland eher verhinderbar. Der Schutz der postmortalen Menschenwürde und die Verteilungsgerechtigkeit, die ebenfalls im Transplantationsrecht angeführt werden,[63] sind bei der Leihmutterschaft nicht ebenso relevant wie bei der Allokation von Organen. Dennoch wäre womöglich zu befürchten, dass vermögende Wunscheltern sich den Kinderwunsch auf diesem Wege eher erfüllen könnten. Zu erwägen wäre insoweit eine Regulierung des entstehenden Marktes, die verhindert, dass die Kosten zu hoch werden. Außerdem wäre es bedenkenswert, eine Zuzahlung der Krankenkassen einzuführen. Im Transplantationsrecht geht es zudem um den Schutz des

---

[54] Rostalski und Hoven (2022): 487.
[55] Coester (2004): 1257; Diehl (2014): 73; Müller-Terpitz (2022c): 797; Dorneck (2018): 164 ff.
[56] Koalitionsvertrag (2021): 116.
[57] Diehl (2014): 73.
[58] Vgl. Büchler (2021): 339.
[59] Rostalski und Hoven (2022): 487.
[60] Ebd.: 488.
[61] Bundestag (1996): 15; Scholz und Middel (2022): Rn. 1.
[62] Bundestag (1996): 15.
[63] Bundestag (1996): 29; Scholz und Middel (2022): Rn. 1.

Kranken, der das Transplantat benötigt.[64] Bei der Leihmutterschaft wäre insoweit die Parallele zu den Wuscheltern zu ziehen. Diese sind jedoch nicht in gleicher Weise auf ein Kind angewiesen wie der Kranke auf das Implantat, sodass eine Ausnutzung weniger naheliegend scheint. Ein Verbot kommerzieller Leihmutterschaft erscheint daher nicht zwingend, soweit man einen Schutz der Leihmutter und der Wuscheltern vor Ausbeutung auf einem anderen Wege erreicht.

Aus diesen Gründen ist es auch nicht erforderlich, eine Begrenzung der Zahl von Schwangerschaften der Leihmutter vorzunehmen,[65] denn einer Ausbeutung durch eine Vielzahl von Leihmutterschaftsbeziehungen ist nicht zu besorgen, wenn man im Übrigen Schutzmaßnahmen ergreift und eine ausführliche Beratung vorsieht.

Darüber hinaus ist diskussionswürdig, ob Leihmütter in einem bestimmten Verhältnis zu den Wuscheltern stehen müssen. Dagegen spricht jedoch, dass zu befürchten wäre, dass zu wenige mögliche Leihmütter zur Verfügung stehen und sich bereiterklären.[66] Da es maßgeblich darauf ankommt, inwiefern die Leihmutter freiwillig und informiert handelt, kann ein Näheverhältnis nicht maßgeblich sein.[67]

Die Leihmutter muss sich der Tragweite ihrer Entscheidung zum Austragen und anschließenden Herausgabe des Kindes bewusst sein. Eine eingehende Aufklärung ist daher von überragender Bedeutung. Eine Beratungspflicht dient ebenfalls der Eigenverantwortlichkeit.[68] Teils wird gefordert, dass sie bereits Mutter sein solle.[69] Dafür könnte sprechen, dass sie nur dann Bedeutung und Ausmaß der Entscheidung überschauen kann. Andererseits ist eine Einwilligung auch sonst möglich, ohne dass man den jeweiligen Eingriff oder die Situation bereits durchlebt haben muss. Indes sind die Schwangerschaft und die anschließende geplante Trennung von dem Kind eine außergewöhnliche körperliche und psychische Herausforderung. Zu empfehlen wäre es daher, dass die Leihmütter bereits die Erfahrung von Schwangerschaft und Geburt gemacht haben, was aber nicht

---

[64] Bundestag (1996): 15; Scholz und Middel (2022): Rn. 1.
[65] Rostalski und Hoven (2022): 488.
[66] Dorneck (2018): 342 f.
[67] Kreß (2022): 885.
[68] Gössl und Sanders (2022): 492, 497; Kersten (2018): 1353; Rostalski und Hoven (2022): 488.
[69] Rostalski und Hoven (2022): 488; Taupitz (2014c): Rn. 13.

bedeutet, dass man dies vorschreiben müsste. Dafür spricht auch, dass die erste Schwangerschaft häufig am meisten Komplikationen mit sich bringt.[70]

3.3 Anforderungen an die Wunscheltern

Des Weiteren stellt sich die Frage, wer als Auftraggeber einer Leihmutterschaft fungieren dürfte. In Betracht kommt eine schrankenlose Zulassung auch der Inanspruchnahme von Leihmutterschaft aus Bequemlichkeit, kosmetischen oder beruflichen Gründen oder eine Beschränkung auf eine medizinische Notwendigkeit. Damit ist fraglich, ob es den Wunscheltern unmöglich sein muss, selbst Kinder auszutragen,[71] was etwa bei männlichen homosexuellen Paaren oder bei entsprechenden medizinischen Gründen bei der Frau des Paares der Fall sein kann.

Zunächst können sich grundsätzlich alle Personen auf die entsprechenden grundrechtlichen Gewährleistungen berufen. Allerdings können Paare, bei denen keine medizinische Notwendigkeit besteht, ihre Grundrechte auch auf anderem Wege ausüben. Insoweit bietet sich eine Parallele der assistierten Fortpflanzung mit dem assistierten Suizid an. Zu letzterem führt das aus, dass die Ausübung des Rechts auf selbstbestimmtes Sterben nicht faktisch unmöglich gemacht werden dürfe, was durch ein Verbot der geschäftsmäßigen Förderung des Suizids jedoch geschehe.[72] Übertragen auf das Recht auf Fortpflanzung und Gründung einer Familie bedeutet dies, dass das Verbot der Leihmutterschaft die Ausübung dieser Rechte nicht in ungerechtfertigter Weise faktisch unmöglich machen darf. Bei einer medizinischen Indikation und bei männlichen homosexuellen Paaren ist der Wunsch anderweitig nicht zu realisieren. Insbesondere eine Adoption kann das Recht auf Weitergabe der Gene nicht gewährleisten. Fortpflanzungsfähige Paare können indes den natürlichen Weg einer Schwangerschaft der Partnerin gehen. Während beim Suizid eine Assistenz regelmäßig notwendig ist, um schmerzfrei, sicher und würdevoll sein Leben beenden zu können,[73] ist die Alternative einer natürlichen Schwangerschaft, wenn sie möglich ist, nicht unzumutbar. Dementsprechend kann man in Fällen, in denen die Wunscheltern aus anderen als medizinischen Gründen eine Leihmutterschaft bevorzugen, einen Eingriff in diese

---

[70] Bai et al. (2002): 274 ff.; auch die Geburten dauern regelmäßig länger, was die Risiken für die Schwangere erhöht, Goerke (2022).
[71] Vgl. Rostalski und Hoven (2022): 489.
[72] BVerfG (2020): 265 ff.
[73] Vgl. BVerfG (2020): 266.

Grundrechte durch das Verbot bereits bezweifeln. Diese Personen können auf die natürlichen Wege ausweichen, sodass hier eine Einschränkung angezeigt ist.

3.4 Verfahren

Hinsichtlich des Verfahrens wird dem Gesetzgeber ein weiter Spielraum zur Verfügung stehen. Wichtig ist dabei zu gewährleisten, dass die Leihmutter eigenverantwortlich entscheidet und Bedeutung und Tragweite verstanden hat. Außerdem ist es besonders relevant, einer Ausbeutung der Leihmutter entgegenzuwirken.

Daher sollte eine Beratungspflicht vorgeschrieben werden. Zudem käme es in Betracht, eine Entscheidung des Gerichts zu fordern, das beispielsweise prüfen könnte, ob einer Ausbeutungssituation der Leihmutter hinreichend vorgebeugt wird, und diese nach der Beratung freiwillig zustimmt. Zudem wäre zu prüfen, ob eine medizinische Notwendigkeit besteht, die nötigenfalls durch Sachverständigengutachten nachgewiesen werden.[74]

Eine Prüfung einer Ethikkommission hingegen wäre nicht zu empfehlen.[75] Diese böte zwar die Möglichkeit, einzelfallbezogen zu entscheiden. Zugleich wäre damit aber Rechtsunsicherheit verbunden.[76]

4 Fazit

Das ausnahmslose und strafbewehrte Verbot der Leihmutterschaft ist verfassungsrechtlich nicht zu rechtfertigen. Die Initiative der Regierungskoalition ist vor diesem Hintergrund zu begrüßen. Bei Paaren, die sich nicht fortpflanzen und auf diesem Weg eine Familie gründen können, liegt ein Eingriff in ihre Grundrechte vor. Weder das Kindeswohl noch der Schutz der Mutter rechtfertigen ein absolutes Verbot der Leihmutterschaft.

Hinsichtlich des Wie der Zulassung besteht ein großer Spielraum. So sind etwa die Ausgestaltung eines Beratungsverfahrens und die Vorkehrungen, um einer Ausbeutung von Leihmüttern vorzubeugen, nicht zwingend vorgezeichnet. Zudem sind noch zivilrechtliche Folgefragen zu klären.[77]

---

[74] Vgl. zu weiteren möglichen Verfahrensschritten: Dorneck (2018): 335 ff. unter Berücksichtigung des AME-FMedG, vgl. Gassner et al. (2013): § 8.
[75] Dorneck (2018), S. 341 f.; Kreß (2022) 886.
[76] Dorneck (2018): 341 f.
[77] Eingehend dazu: Gössl und Sanders (2022): 492 ff. Exemplarisch: die rechtliche Mutter- und Vaterschaft; das Recht der Leihmutter, sich dennoch dafür zu entscheiden, das Kind zu

Literatur

Altmann, J. et al. (2022): Lifting the veil of secrecy: maternal and neonatral outcome of oocyte donation pregnancies in Germany. In: Archives of gynecology and obstetrics, 306/2022. S. 59–69.

Bai, Jun et al. (2002): Parity and pregnancy outcomes. In: American Journal of Obstetrics and Gynecology. Vol. 186/2. S. 274–278.

Bernstein, Gaia (2013): Unintended consequences: Prohibitions on gamete donor anonymity and the fragile practice of surrogacy. In: Indiana Health Law Review. Vol. 10, Issue 2/2013. S. 291–324.

BGH (1976): BGHZ 67, 119.

Biermann, Bastian (2017): Anspruch auf Herausgabe kryokonservierter Spermaproben von verstorbenem Ehemann. In: NZFam 2017. S. 962-964.

Büchler, Andrea (2021): Autonomie, Reproduktion und die Leihmutterschaft. In: Juridikum 3/2021. S. 331-343.

Bundestag (1989a): Entwurf eines Gesetzes zur Änderung des Adoptionsvermittlungsgesetzes. In: BT-Drs. 11/4154.

Bundestag (1989b): Entwurf eines Gesetzes zum Schutz von Embryonen (Embryonenschutzgesetz – ESchG). In: BT-Drs. 11/5460.

Bundestag (1996): Entwurf eines Gesetzes über die Spende, Entnahme und Übertragung von Organen (Transplantationsgesetz – TPG). In: BT-Drs. 13/4355.

Bundestag (2001): Gesetz zur Regelung der Rechtsverhältnisse der Prostituierten (Prostitutionsgesetz – ProstG). In: BGBl. I 2001 Nr. 74.

BVerfG (2004): Wiedergutmachung von NS-Unrecht. In: VIZ 5/2004, 220–221.

BVerfG (1979): BVerfGE 50, 290.

BVerfG (2008): BVerfGE 120, 224.

BVerfG (2020): BVerfGE 153, 182.

BVerwG (1981): BVerwGE 64, 274.

BVerwG (1990): BVerwGE 84, 314.

Coester, Michael (2004): Ersatzmutterschaft in Europa. In: Festschrift für Jayme. S. 1243–1259.

Coester-Waltjen, Dagmar (1986): Gutachten DJT B80. In: Ständige Deputation des Deutschen Juristentages (Hrsg.): Verhandlungen des sechsundfünfzigsten Deutschen Juristentages Berlin 1986, Bd. 1. S. 73–112.

Coester-Waltjen, Dagmar (2002): Gesetzgebung in der Fortpflanzungsmedizin – die Lage in der Bundesrepublik Deutschland. Vortrag vor der Deutsch-französischen Juristenvereinigung vom 21.9.2002.

Coester-Waltjen, Dagmar (2021): Art. 6 GG. In: Ingo v. Münch, Philip Kunig (Hrsg.): Grundgesetz Kommentar. München: Beck Verlag. S. 139–146.

Dethloff, Nina (2018): Leihmutterschaft in rechtsvergleichender Perspektive. In: Ditzen, Beate/Weller, Marc-Philippe (Hrsg.): Regulierung der Leihmutterschaft. Tübingen: Mohr Siebeck. S. 55–69.

---

behalten sowie die Folgen für das Sorgerecht; Folgen bei Fehlverhalten durch die Leihmutter während der Schwangerschaft; Folgen der Weigerung der Wunscheltern bezüglich der Aufnahme des Kindes.

Di Fabio, Udo (2022): Art. 2 I GG. In: Günter Düring, Roman Herzog, Rupert Scholz (Hrsg.): Kommentar zum Grundgesetz, 99. Aufl. München: Beck Verlag.

Diel, Alexander (2014): Leihmutterschaft und Reproduktionstourismus. Frankfurt a. M.: Wolfgang Metzner Verlag.

Dorneck, Carina (2018): Das Recht der Reproduktionsmedizin de lege lata und de lege ferenda. Baden-Baden: Nomos.

Dreier, Horst (2013): Art. 1 I GG. In: Dreier Horst (Hrsg.): Grundgesetz Kommentar Band I, 3. Aufl. Tübingen: Mohr Siebeck.

Duden, Konrad (2015): Leihmutterschaft im Internationalen Privat- und Verfahrensrecht. Tübingen: Mohr Siebeck.

Engel, Martin (2014): Internationale Leihmutterschaft und Kindeswohl. In: ZEuP 3/2014. S. 538–561

Flügge, Sibylla (2017): Leihmutterschaft ist kein Menschenrecht. In: Susanne Baer, Ute Sacksofsky (Hrsg.): Autonomie im Recht-Geschlechtertheoretisch vermessen. Baden-Baden: Nomos.

Gassner, Ulrich et al. (2013): Fortpflanzungsmedizingesetz. Augsburg-Münchner-Entwurf (AME-FMedG). Tübingen: Mohr-Siebeck.

Goerke, Kay (2022): Geburtsdauer. In: Pschyrembel Online: https://www.pschyrembel.de/ Geburtsdauer/K08HW [letzter Zugriff am 29.07.23].

Golombok, Susan et al. (2011): Families created through surrogacy: mother-child relationships and children's psychological adjustment at age 7. In: Developmental Psychology 2011. S. 1579-1588.

Gössl, Susanne L.; Sanders, Anne (2022): Die Legalisierung der Leihmutterschaft – Vorschläge für die familienrechtliche Regelung in Deutschland. In: JZ 10/2022. S. 492–502.

Hasseermer, Winfried (2008): Sondervotum. In: BVerfGE 120, 224.

Herdegen, Matthias (2022a): Art. 1 III GG. In: Günter Düring, Roman Herzog, Rupert Scholz (Hrsg.): Kommentar zum Grundgesetz, 99. Aufl. München: Beck Verlag.

Herdegen, Matthias (2022b): Art. 1 GG. In: Günter Düring, Roman Herzog, Rupert Scholz (Hrsg.): Kommentar zum Grundgesetz, 99. Aufl. München: Beck Verlag.

Herdegen, Matthias (2022c): Art. 1 I GG. In: Günter Düring, Roman Herzog, Rupert Scholz (Hrsg.): Kommentar zum Grundgesetz, 99. Aufl. München: Beck Verlag.

Heun, Werner (2008): Restriktion assistierter Reproduktion aus verfassungsrechtlicher Sicht. In: Gisela Bockenheimer-Lucius, Petra Thorn, Gisela Wendehorst (Hrsg.): Umwege zum eigenen Kind. Band 3. Göttingen: Universitätsverlag.

Hieb, Anabel (2005): Die gespaltene Mutterschaft im Spiegel des deutschen Verfassungsrechts. Berlin: Logos Verlag.

Hillgruber, Christian (1992): Der Schutz des Menschen vor sich selbst. München: Vahlen.

Hillgruber, Christian (2020): Gibt es ein Recht auf ein Kind?. In: JZ 1/2020. S. 12–20.

Hoerster, Norbert (1983): Zur Bedeutung des Prinzips der Menschenwürde. In: JuS 2/1983. S. 93–96.

Kentenich, Heribert (2020): Fortpflanzungsmedizin und Familienbildung mit Hilfe Dritter. In: Katharina Beier et al. (Hrsg.): Assistierte Reproduktion mit Hilfe Dritter. S. 19–29.

Kersten, Jens (2018): Regulierungsauftrag für den Staat im Bereich der Fortpflanzungsmedizin. In: NVwZ 2018, S. 1248 ff.

Koalitionsvertrag 2021 – 2025 zwischen der Sozialdemokratischen Partei Deutschlands (SPD), BÜNDNIS 90 / DIE GRÜNEN und den Freien Demokraten (FDP), abrufbar unter https://www.bundesregierung.de/resource/blob/974430/1990812/04221173eef9 a6720059cc353d759a2b/2021-12-10-koav2021-data.pdf?download=1; s. auch https:// www.bmj.de/DE/Themen/FamilieUndPartnerschaft/Abstammungsrecht/Abstammungsr echt_node.html sowie https://www.aerzteblatt.de/nachrichten/141328/Diskussion-um-Schwangerschaftsabbruch-BMG-beruft-Kommission [letzter Zugriff am 29.07.23].

Kreß, Hartmut (2013): Samenspende und Leihmutterschaft- Problemstand, Rechtsunsicherheiten, Regelungsansätze. In: FÜR 6/2013. S. 240-244.

Kreß, Hartmut (2022): Leihmutterschaft: Normative Eckpunkte für rechtliche Klärungen. In: MedR 11/2022. S. 881–886.

Küpker, Wolfgang (2013): Regulation der Reproduktionsmedizin im europäischen Vergleich. In: K. Diedrich, M. Ludwig, G. Griesinger (Hrsg.): Reproduktionsmedizin. Berlin/Heidelberg: Springer.

Lang, Heinrich (2022): Schutz oder Begründungsdilemma? Zur Debatte um ein Fortpflanzungsmedizingesetz. JZ 7/2022. S. 327–337.

Müller-Terpitz, Ralf (2022a): Vorbemerkung zum ESchG. In: Spickhoff (Hrsg.): Medizinrecht, 4. Aufl. München: Beck Verlag.

Müller-Terpitz, Ralf (2022b): Artikel 6 GG. In: Spickhoff (Hrsg.): Medizinrecht, 4. Aufl. München: Beck Verlag.

Müller-Terpitz, Ralf (2022c): Fortpflanzungsmedizinrecht – quo vadis?. In: MedR 40. S. 794–801.

OLG München (2017): Anspruch auf Herausgabe kryokonservierter Spermaproben von verstorbenem Ehemann. In: NZFam 2017. S. 957–962.

Rostalski, Frauke; Hoven, Elisa: Zur Legalisierung der Leihmutterschaft in Deutschland. In: JZ 10/2022. S. 482–491.

Scholz, Karsten; Middel, Claus-Dieter (2022): § 17 TPG. In: Spickhoff (Hrsg.): Medizinrecht, 4. Aufl. München: Beck Verlag.

Starck, Christian (1986): Gutachten DJT A 42. In: Ständige Deputation des Deutschen Juristentages (Hrsg.): Verhandlungen des sechsundfünfzigsten Deutschen Juristentages Berlin 1986, Bd. 1.

Starck, Christian (2018): Art. 1 GG. In: v. Mangoldt, Hermann/ Klein, Friedrich/ Starck, Christian (Hrsg.): Grundgesetz Kommentar. Bd. 1, 7. Aufl. München: Beck Verlag.

Taupitz, Jochen (2014a): § 1 I Nr. 1 ESchG. In: Günther/Taupitz/Kaiser (Hrsg.): Embryonenschutzgesetz, 2. Aufl. Kohlhammer, Stuttgart.

Taupitz, Jochen (2014b): § 1 I Nr. 6 ESchG. In: Günther/Taupitz/Kaiser (Hrsg.): Embryonenschutzgesetz, 2. Aufl. Kohlhammer, Stuttgart.

Taupitz, Jochen (2014c): § 1 I Nr. 7 ESchG. In: Günther/Taupitz/Kaiser (Hrsg.): Embryonenschutzgesetz, 2. Aufl. Kohlhammer, Stuttgart.

Teichmann, Fabian (2022): Umgehungsmöglichkeiten des Leihmutterschaftsverbots in Deutschland, Österreich und der Schweiz am Beispiel der Ukraine. In: medstra 2/2022. S. 93–97.

Trowse, Pip (2011): Surrogacy: is it harder to relinquish genes? In: J Law Med 03/2011. Vol. 18. S. 614–633.

Velte, Gianna (2015): Die postmortale Befruchtung im deutschen und spanischen Recht. Berlin/ Heidelberg Springer.

VG Neustadt (1993): Untersagung einer Veranstaltung („Zwergenweitwurf"). In: NVwZ 1993. S. 98–100.

Mutter und Kind in der Schwangerschaft – mehr als Weitergabe der Gene?!

Sebastian M. Jud

Zusammenfassung

In diesem Artikel sollen die Vorgänge im Laufe der Schwangerschaft dargestellt werden, die -unabhängig von der Genetik – Auswirkungen auf Mutter und Kind haben. Zudem, dass Forschung an Schwangeren an große Hürden gekoppelt ist, handelt es sich um ein relativ junges und auch sehr breites Forschungsgebiet. Daher soll dieser Artikel lediglich einen kurzen Überblick und einige Beispiele abbilden und erhebt keinen Anspruch auf eine komplette Darstellung der Wechselwirkungen während der gesamten Schwangerschaft.

1 Einleitung

Die Erkenntnisse der Genetik haben in den letzten Jahrzehnten – vor allem durch neue Untersuchungsmethoden – ein enormes Wissenswachstum erfahren. Somit ist viel über die Genetik in der Zeit vor der Befruchtung der Eizelle bekannt. Ebenso haben die Erkenntnisse der Genetik im Laufe des Lebens nach der Geburt stark zugenommen. Sowohl in Bezug auf die eigentlichen Gene als auch auf epigenetische Effekte, also Effekte, die die Aktivität von Genen regeln und somit Einfluss auf Entwicklung nehmen.

S. M. Jud (✉)
Klinikum Mutterhaus der Borromäerinnen, Gynäkologie und Geburtshilfe, Trier, Deutschland
E-Mail: sebastian.jud@mutterhaus.de

© Der/die Autor(en), exklusiv lizenziert an Springer Fachmedien Wiesbaden GmbH, ein Teil von Springer Nature 2024
A. Ansari-Bodewein (Hrsg.), *Leihmutterschaft interdisziplinär*,
https://doi.org/10.1007/978-3-658-43747-3_2

Es sollen nun verschiedene Aspekte in der Zeit von Befruchtung bis Geburt dargestellt werden. Eine Vielzahl von Faktoren, die im Allgemeinen die Schwangerschaft negativ beeinflussen, ist bereits seit Jahren bekannt. Als prominentestes Beispiel sicherlich die Auswirkung des Medikamentes Talidomid. Besser bekannt als Contergan, das in den 1950/60er Jahren zu einer Serie von Fehlbildungen v. a. der Extremitäten bei Feten geführt hat. Aber auch weitere Medikamente können Einfluss auf das ungeborene Leben nehmen.

Ebenso kann eine Mangelernährung in der Schwangerschaft einen direkten Einfluss auf den Feten haben und u. a. zu Wachstumsstörungen führen. Als weitere Beispiele seien weitere Noxen, ob nun legal oder illegal, genannt, als Hauptvertreter sicherlich der Alkohol. Neben den typischen morphologischen Veränderungen kann es auch zu einer Lern- und Verhaltensveränderung der Kinder kommen.

Weitere Noxen, die in der Schwangerschaft Einfluss auf das Kind nehmen können, sind Infektionen der Mutter. Als bekanntestes Beispiel ist hier die Rötelninfektion in der Schwangerschaft zu nennen. Diese kann in der Schwangerschaft zu einer ausgeprägten Fehlbildung des Kindes führen, mit Fehlbildungen u. a. des Herzens, der Augenlinse und des Innenohrs (Gregg-Syndrom).

In den letzten Jahren kamen weitere Forschungsfelder hinzu, auf die sich nun in diesem Artikel konzentriert werden soll. Dazu zählen Modulationen des Immunsystems, Auswirkungen von Hormonen, die Ernährung während der Schwangerschaft und das Mikrobiom. Wie erwähnt kann dieser Artikel nur einen Überblick anhand einiger Beispiele geben und erhebt keinen Anspruch auf eine vollständige Abdeckung des Gebietes.

2   Immunsystem

Ein Beispiel direkter Einflussnahme auf das Kind ist der sogenannte Nestschutz. Dabei werden von der Mutter gebildete Antikörper über die Plazenta hinweg auf das Kind übertragen. Somit hat das Neugeborene gleich nach Geburt einen gewissen Schutz gegen diese Erreger. Dies hat dazu geführt, dass die Pertussis-Schutzimpfung (Keuchhusten) mittlerweile in der Schwangerschaft empfohlen wird, um so eine Infektion in den ersten Lebensmonaten zu verhindern.[1]

Ebenso spielt der Netzschutz bei Windpocken eine Rolle (Varizella zoster Virus, VZV). Die meisten Erwachsenen in Deutschland haben eine bestehende

---

[1] Vgl. Vygen-Bonnet (2020): 136.

Immunität, entweder aufgrund einer durchgemachten Infektion (meist im Kindesalter) oder einer Impfung. Somit haben diese Personen Antikörper gebildet und diese Antikörper werden über die Nabelschnur intrauterin auf das ungeborene Kind übertragen und es genießt einen Schutz, sowohl während der Schwangerschaft als auch direkt nach der Geburt. Bei einer Erstinfektion der Mutter in der Schwangerschaft kann dies verschiedene Auswirkungen auf den Fetus haben (intrauteriner Fruchttod, Fehlbildungen, Hautläsionen, Augenschäden). Die Wahrscheinlichkeit, dass es zu einer Auswirkung auf das Kind kommt, hängt mit von der Schwangerschaftswoche ab. Im letzten Drittel der Schwangerschaft ist die intrauterine Schädigung bisher nicht beschrieben. Allerdings kann eine Erstinfektion um den Geburtszeitpunkt (etwa fünf Tage vor bis 2 Tage nach Geburt) zu einer fulminanten neonatalen Windpockenerkrankung führen. Die Ursache liegt darin begründet, dass die Mutter in dieser kurzen Zeit noch keine Antikörper gebildet hat und somit auch das Kind keinen Schutz hat. Das kindliche Immunsystem jedoch noch zu unreif ist zur Bildung solcher Antikörper. Unbehandelt wird die Legalität mit bis zu 20 % angegeben.[2,3]

Es gibt einige Hinweise darauf, dass das fetale Immunsystem in der Schwangerschaft durch Prozesse des mütterlichen Körpers „trainiert" wird. So gibt es Hinweise, dass bei Kindern, deren Mutter eine HIV-Infektion hat, die in der Schwangerschaft normalerweise nicht vertikal auf das Kind übergeht, ein bestimmtes Muster des Immunsystems aufweisen, die diese Infektion bekämpfen, ohne dass das Kind Kontakt zum Erreger hatte. Ähnliche Beispiele gibt es für andere Infektionen wie Hepatitis B und Malaria. Auch konnte dieser Zusammenhang bei bestimmten Impfungen festgestellt werden (z. B. BCG-Impfung).[4]

3 Hormone

Die Hormone der mütterlichen Schilddrüse spielen eine wichtige Rolle bei der Entwicklung verschiedener „Systeme" im fetalen Körper. Bereits ganz am Anfang der fetalen Entwicklung, in den ersten Wochen der Schwangerschaft, werden die mütterlichen Schilddrüsenhormone in adäquater Menge benötigt, um eine korrekte Entwicklung des fetalen Nervensystems zu gewährleisten. Eine

---

[2] Vgl. Smith, Arvin (2009): 209–217.
[3] RKI.
[4] Vgl. für den Überblick: Levy O, Wynn (2014): 136 ff.; Netea et al. (2016): 1098; Abu-Raya et al. (2016): 338; Reikie et al. (2014): 245 ff.; Gbedande et al. (2013): 2686 ff.; Natama et al. (2018): 198; Hong et al. (2015): 6588; Hussain et al. (2022): 7.567.708.

ganze Reihe weiterer Gewebe benötigen die Aktivität der Schilddrüsenhormone, um eine Differenzierung und Funktionalität zu erreichen. Die schwerste Ausprägung des angeborenes Jodmangelsyndroms (Kretinismus) beinhaltet somit auch Beeinträchtigungen verschiedener Organe wie Sprach- und Hörentwicklung, Entwicklungsverzögerung, Beeinträchtigung der Motorik und neurologische Beeinträchtigungen.[5]

Eine wichtige Rolle nimmt Cortison ein. Dieses gilt als „Stresshormon" im menschlichen Körper.

Zunehmend gibt es Untersuchungen, die pränatalen Stress der Mutter mit verschiedenen Auswirkungen bei deren Kinder in Zusammenhang bringen. So wird der erhöhte mütterliche Cortisonspiegel als mögliche Ursache für die Auswirkungen angenommen. So konnte gezeigt werden, dass ein erhöhter Stresszustand der Mutter, zu einem erhöhten Risiko von Übergewicht bei deren Kindern führt. Der Stress der Mutter wurde durch einen Trauerfall in der nahen Familie innerhalb von 12 Monaten vor der Geburt des Kindes definiert.[6]

Eine weitere Auswirkung von Stress auf den Fetus konnte eine weitere Studie zeigen. Hierbei wurde die Telomerlänge als Prädiktor für altersbedingte Erkrankungen herangezogen. Stark vereinfacht gesagt, je kürzer die Telemore am Lebensanfang ist, desto früher beginnen altersbedingte Erkrankungen. Die Arbeitsgruppe konnte einen Zusammenhang zwischen einem hohen Stresslevel in der Schwangerschaft und einer verminderten Telomerlänge in den Nachkommen zeigen.[7]

4 Ernährung

Dass die Ernährung einen Einfluss auf die Entwicklung des Feten hat scheint logisch. Gerade in Zeiten einer Mangellage wird die Versorgung des Feten eingeschränkt. Diesen Zusammenhang machen sich Hersteller zunutze und vertreiben – auf das jeweilige Schwangerschaftsalter – angepasste Nahrungsergänzung. Eine Mangelversorgung mit Folsäure birgt ein erhöhtes Risiko einer Fehlbildung des Neuralrohrs des Embryos, also einer Spaltbildung im Bereich des Rückenmarks. Durch die adäquate Substitution von Folsäure wird dieses Risiko gesenkt. Daher ist die Empfehlung der Deutschen Gesellschaft für Ernährung (DGE) die präkonzeptionelle Einnahme von Folsäure. Allerdings ändert sich die

---

[5] Vgl. Prezioso, Giannini, Chiarelli (2018): 73 ff.
[6] Vgl. Li et al. (2010): e11896.
[7] Vgl. Entringer (2011): E513 ff.

benötigte Menge im Laufe der Schwangerschaft und Stillzeit, sodass die Dosis angepasst werden sollte.[8]

Durch eine Ernährung mit bestimmten Meeresfischen bzw. durch die Supplementierung von bestimmten Fettsäuren wird eine Modulation bestimmter inflammatorischer Prozesse beeinflusst, wodurch die Bekämpfung von Bakterien gefördert wird. Zudem verhindern bestimmte Fettsäuren die Bildung pro-inflammatorischer Moleküle, was wiederum protektiv für bestimmt Autoimmunerkrankungen ist.[9]

5 Mikrobiom

Als Mikrobiom wird die Summe aller Mikroorganismen im Körper bezeichnet. Das Mikrobiom der Mutter spiel ebenfalls eine wichtige Rolle in der Entwicklung des Feten und der Schwangerschaft. So stellt das Mikrobiom der Vagina eine Barriere für aufsteigende Infektionen dar und verhindert somit unter anderem eine Frühgeburt durch Infektion.[10]

Die Entwicklung eines Gestationsdiabetes (GDM), also einer erstmalig in der Schwangerschaft aufgetretenen Glukose-Intoleranz, stellt ein Risiko für das Kind und die Mutter dar. GDM erhöht u. a. das Risiko für einen Kaiserschnitt, höhergradige Geburtsverletzungen oder postpartale Anpassungsstörungen des Kindes. Zudem ist das Risiko für die Mutter im Laufe ihres zukünftigen Lebens an einem Diabetes mellitus zu erkranken erhöht. Untersuchungen zeigen, dass Frauen, die einen GDM entwickeln ein verändertes Mikrobiom haben. Diese Tatsache könnte ein möglicher Angriffspunkt zur Prophylaxe eines GDM darstellen.[11]

6 Fazit

Die beschriebenen Mechanismen haben direkt oder indirekt einen Einfluss auf die Entwicklung des Kindes im Mutterleib, aber auch im späteren Leben. Eine Vielzahl von Faktoren in der Schwangerschaft beeinflussen zum einen die Entwicklung des Kindes im Mutterleib, senken oder steigern das Risiko für

---

[8] Vgl. Koletzko (2017): 1573–1579.
[9] Vgl. Danielewicz (2017): 1573–1579.
[10] Vgl. Bayar et al. (2020): 487–499.
[11] Vgl. Neri et al. (2021): 9.994.734.

Krankheiten in der Schwangerschaft und sind somit an der akuten Entwicklung beteiligt. Aber haben auch eine Auswirkung auf das weitere Leben des Kindes. Aber eine Schwangerschaft hat nicht nur Auswirkungen auf das Kind. Durch Prozesse – die bei weitem alle noch nicht komplett bekannt sind – hat eine Schwangerschaft auch Auswirkungen auf die Mutter, wie das oben erwähnte erhöhte Risiko eines Diabetes mellitus bei GDM. Es gibt auch Beispiele dafür, dass z. B. das Risiko für die Entwicklung eines Brustkrebses durch eine Schwangerschaft gesenkt werden kann.[12]

Literatur

Abu-Raya, B., et al. (2016): Transfer of Maternal Antimicrobial Immunity to HIV-Exposed Uninfected Newborns. Front Immunol, 2016. 7. S. 338.
Bayar, E., et al. (2020): The pregnancy microbiome and preterm birth. Semin Immunopathol, 2020. 42(4). S. 487–499.
Danielewicz, H., et al. (2017): Diet in pregnancy-more than food. Eur J Pediatr, 2017. 176(12). S. 1573–1579.
Entringer, S., et al. (2011): Stress exposure in intrauterine life is associated with shorter telomere length in young adulthood. Proc Natl Acad Sci U S A, 2011. 108(33): p. E513-8.
Gbedande, K., et al. (2013): Malaria modifies neonatal and early-life toll-like receptor cytokine responses. Infect Immun, 2013. 81(8). S: 2686–2696.
Hong, M., et al. (2015): Trained immunity in newborn infants of HBV-infected mothers. Nat Commun, 2015. 6. S: 6588.
Hussain, T., et al. (2022): Understanding the Immune System in Fetal Protection and Maternal Infections during Pregnancy. J Immunol Res, 2022. S. 7567708.
Koletzko, B. (2013): Für das Leben des Kindes prägend. Deutsches Ärzteblatt 2013. S. 13.
Levy, O., Wynn, J.L. (2014): A prime time for trained immunity: innate immune memory in newborns and infants. Neonatology, 2014. 105(2). S. 136–41.
Li, J., et al. (2010): Prenatal stress exposure related to maternal bereavement and risk of childhood overweight. PLoS One, 2010. 5(7). S. e11896.
Loehberg, C.R., et al. (2010): Assessment of mammographic density before and after first full-term pregnancy. Eur J Cancer Prev, 2010. 19(6). S. 405–12.
Natama, H.M., et al. (2018): Modulation of innate immune responses at birth by prenatal malaria exposure and association with malaria risk during the first year of life. BMC Med, 16(1). S. 198.
Neri, C., et al. (2021): Microbiome and Gestational Diabetes: Interactions with Pregnancy Outcome and Long-Term Infant Health. J Diabetes Res, 2021. S. 9994734.
Netea, M.G., et al. (2016): Trained immunity: A program of innate immune memory in health and disease. Science, 352(6284). S. 1098.
Prezioso, G., Giannini, C., Chiarelli, F. (2018): Effect of Thyroid Hormones on Neurons and Neurodevelopment. Horm Res Paediatr, 2018. 90(2). S. 73–81.

---

[12] Vgl. Loehberg et al. (2010): 405 f.

Reikie, B.A., et al. (2014): Altered innate immune development in HIV-exposed uninfected infants. J Acquir Immune Defic Syndr, 2014. 66(3). S. 245–255.

RKI: RKI-Ratgeber für Ärzte: Windpocken, Herpes zoster (Gürtelrose).

Smith, C.K., Arvin, A.M. (2009): Varicella in the fetus and newborn. Semin Fetal Neonatal Med, 2009. 14(4). S. 209–17.

Vygen-Bonnet, S., et al. (2020): Safety and effectiveness of acellular pertussis vaccination during pregnancy: a systematic review. BMC Infect Dis, 20(1). S. 136.

Leihmutterschaft: zwischen Möglichkeit und Freiheit

Asadeh Ansari-Bodewein

Ich danke Dr. Stefan Fischer und Robert Mersiowsky für hilfreiche Diskussionen und Hinweise.

Zusammenfassung

Leihmutterschaft wird in vielen Disziplinen kontrovers diskutiert und aus verschiedenen Gründen als schwierige Konstellation betrachtet. Dabei sind aus ethischer Sicht insbesondere zwei Aspekte problematisch: zum einen besteht der Verdacht der Ausbeutung insbesondere von Leihmüttern in armen bzw. ärmeren Ländern, zum anderen führen Leihmutterschaften grundsätzlich zu einer Aufspaltung von Mutterschaft, die von der Leihmutter eine Distanzierung zu jenem Kind erwartet, das sie neun Monate lang getragen und schließlich auf die Welt gebracht hat. Während der erste Aspekt der Ausbeutung eigentlich ein sozial- und wirtschaftspolitisches Problem darstellt, ist der zweite Punkt der Aufspaltung ein dem Leihmutterschaftskonstrukt immanentes Problem. Beide Gesichtspunkte gefährden scheinbar die Freiheit insbesondere der Leihmutter. Der Aufsatz geht der Frage nach, ob bzw. unter welchen Voraussetzungen deren Einwilligung zu einem solchen Arrangement als freie Entscheidung zu verstehen ist.

A. Ansari-Bodewein (✉)
Aufbau eines Instituts für Allgemeine und Angewandte Ethik, Universität Trier, Trier, Deutschland
E-Mail: ansari@uni-trier.de

© Der/die Autor(en), exklusiv lizenziert an Springer Fachmedien Wiesbaden GmbH, ein Teil von Springer Nature 2024
A. Ansari-Bodewein (Hrsg.), *Leihmutterschaft interdisziplinär*,
https://doi.org/10.1007/978-3-658-43747-3_3

1 Einleitung

*„Ich glaube nicht, dass die Art der Entstehung
vollkommen spurlos an einem Lebewesen vorbeigehen kann."*[1]

Schon kurz nach Beginn des russischen Angriffs auf die Ukraine gab es in Deutschland erste Berichte über dort ansässige Leihmutterschaftsagenturen, die ihre Arbeit inmitten des Krieges und unter größter Gefahr für Mütter und Kinder vielerorts weiter verrichten.[2] Diese schon für sich genommen schreckliche Nachricht erfährt in jenen Berichten eine denkwürdige Zuspitzung durch die dort dokumentierte persönliche Betroffenheit deutscher Auftraggeber-Paare, rückt sie doch einmal mehr die seit langem bekannte Tatsache ins Licht, dass ungewollt kinderlose Deutsche (wie auch andere Europäer)[3] eine stark umstrittene Dienstleistung in der Ukraine in Anspruch nehmen oder, manche würden sogar sagen, gleich einer Ware einkaufen. Die Ukraine war und ist trotz des Krieges weiterhin eines der beliebtesten Zielländer für die Vermittlung von Leihmutterschaften, hier ist es weitaus günstiger als in den USA und zumindest aus europäischer Sicht räumlich näher.[4] Die Zahl ukrainischer Leihmütter nimmt seit Jahren kontinuierlich zu, auch wenn man aufgrund mangelnder Regelungen nicht genau beziffern kann, wie viele Kinder auf diesem Weg zur Welt kommen.[5] Damit wirft die derzeitige weltpolitische Lage ein Schlaglicht auf ein Geschäftsmodell, das ungewollt Kinderlosen (‚Wunscheltern') eine Handlungsoption eröffnet, die ich im Folgenden aus der ethischen Perspektive erörtern möchte.

Zunächst werde ich einleitende Überlegungen zur Legitimität des Kinderwunsches bzw. seiner Realisierung anstellen, um dann die zwei aus meiner Sicht wesentlichen ethischen Probleme der bislang mehrheitlich praktizierten Leihmutterschaftsverhältnisse aufzuzeigen, die nahelegen, dass Leihmütter sich in einer Situation großer Unfreiheit befinden. Schließlich werde ich unter Bezugnahme

---

[1] Bernard (2015): 18.
[2] Conrad, Manuela; Kaulbars, Julia (2022).
[3] Vgl. BMFSFJ (2023).
[4] Zum Vergleich: in Kalifornien bezahlt ein Paar je nach Schätzung etwa 100.000 bis 150.000 $; in der Ukraine werden Leihmutterschaften ab etwa 30.000 € angeboten.
Es gibt einige Länder, in denen Leihmutterschaften zwischenzeitlich legal und verhältnismäßig „günstig" waren, die aufgrund negativer Erfahrungen nach einer Phase der Liberalisierung aber zu einem Verbot übergegangen sind; dies trifft etwa auf Indien zu (dort war die kommerzielle Leihmutterschaft seit 2002 erlaubt, seit 2018 ist sie verboten) oder auch auf Thailand (seit 2015 ist die kommerzielle Leihmutterschaft für Ausländer verboten).
[5] Vgl. Siegl, Veronika (2019) Vorsichtig geschätzt geht man etwa von ca. 500 Geburten im Jahr durch eine Leihmutterschaft in der Ukraine aus, Tendenz steigend.

auf diese Probleme erörtern, auf welche Weise Wuncheltern ethisch verantwortungsvoll handeln und dazu beitragen könnten, dass Leihmütter in die Lage versetzt werden, eine möglichst freie Entscheidung zu treffen. ‚Freiheit' ist als philosophischer Begriff erklärungsbedürftig; unumstritten zeichnet das Freie wesentlich aus, dass es unvereinbar mit ‚Zwang' ist. Im Alltagsgebrauch ist mit Freiheit zumeist primär die *Handlungs* freiheit gemeint, also ungehindert das tun zu können, was man will, die eigenen Entscheidungen in die Tat umsetzen zu können (bzw. dies zumindest anstreben zu können). Diese Handlungsfreiheit ist zweifellos nicht immer unbedingt, sie findet vielfältige Grenzen, häufig wird sie sogar durch andere Menschen (bisweilen böswillig) eingeschränkt; in der Freiheitsberaubung etwa liegt offenbar ein freiheitsbehindernder Zwang vor. Von Handlungsfreiheit abzugrenzen ist Freiheit im Sinne der *Willens*freiheit als die Fähigkeit, das eigene Handeln selbstbestimmt *wählen* zu können (anders gesagt: die eigenen Entscheidungen frei treffen zu können, wollen zu können, was man will). Willensfreiheit setzt zunächst ein Mindestmaß an Informiertheit und eine „normale" Einsichtsfähigkeit voraus (dass also keine dauerhafte Einschränkung pathologischer Art, etwa Unzurechnungsfähigkeit aufgrund von Drogenmissbrauch, Intelligenzminderung etc. vorliegt).[6] Mit diesem Verständnis eng verbunden ist die Annahme, dass wir in der Regel vernünftige Maßstäbe an unser Wollen und Handeln anlegen, d. h. dass wir uns selbst aus *Gründen* und selbstgesetzten Grundsätzen heraus zu unseren Entscheidungen und Handlungen bestimmen (Autonomie). Hinzu kommt schließlich die Abwesenheit von Zwängen wie etwa der Gewalt(androhung) durch andere; aber nicht nur Menschen, auch Situationen, bspw. eine Notlage durch bestimmte Lebensumstände (bspw. Armut) können Zwang ausüben. Solche Einflüsse von außen hebeln unsere Freiheit zwar nicht vollständig aus, sie beeinträchtigen sie aber unter Umständen, sodass auch der Wille in bestimmter Hinsicht graduell, d. h. mehr oder

---

[6] Vgl. Simon, Alfred (2022): Gemeinsam bilden Informiertheit bzw. Aufklärung und Einsichtsfähigkeit die wesentlichen Voraussetzungen eines *informed consent* (der Begriff ist v. a. für die Medizinethik von Relevanz).

weniger, frei sein kann.[7] Neben diesen äußeren gibt es auch innerpsychische Einflussgrößen, die möglicherweise freiheitshemmende Zwänge darstellen können: schließlich bildet sich unser Wille erst in der Auseinandersetzung mit (wie auch immer zustande kommenden) Neigungen, Wünschen, Impulsen[8], die durchaus eine kraftvolle Wirkung entfalten können. Allerdings sind wir diesen Tendenzen nicht unterworfen, wir können uns für oder gegen sie entscheiden. Im vorliegenden Zusammenhang ist insbesondere von Bedeutung, ob etwa ein Wunsch (nach einem Kind) oder ein „verlockendes" Angebot (ein Kind gegen Bezahlung auszutragen) so gestrickt sein könnte, „dass man es nicht ablehnen kann", etwa, weil es „eine Abhängigkeit [...] ausnutzt"[9], sodass es in einer bestimmten Hinsicht einen Zwang ausübt, der die eigene Freiheit zumindest graduell einschränkt (wenn auch vielleicht unbewusst). Jedenfalls verwende ich den Begriff der Freiheit hier in einem Sinn, der sich mit dem subjektiven Freiheitsbewusstsein der allermeisten Menschen deckt und dem pragmatischen Interesse des vorliegenden

---

[7] Vgl. Baumann (2000), S. 71–78: „in bestimmter Hinsicht" verweist auf den möglichen Einwand, dass innere Zwänge (jenseits des Pathologischen) immer nur die Handlungsfreiheit, niemals aber die Willensfreiheit beeinträchtigen könnten, da man IMMER die freie Wahl der Entscheidung habe: auch wenn mich jemand mit der Pistole an meiner Schläfe zwinge, könne ich ja immer noch frei entscheiden, ob ich die mir nahegelegte Handlung wähle oder ob ich mich erschießen lassen *will* (!). Diese Entscheidung „frei" zu nennen, mag theoretisch richtig sein, ist aber praktisch schwierig, denn dies widerspricht sowohl jeglicher Intuition als auch der juristischen Beurteilung von Entscheidungen und Handlungen; eine derartige Bedrohung beeinträchtigt die Willensfreiheit doch erheblich, auch wenn es unmöglich ist, ex ante oder auch ex post festzulegen, ab wann ein Maß an Zwang erreicht ist, welches die Entscheidung unfrei macht.

[8] Mehr noch, ohne diese Wünsche, Neigungen, Impulse, ohne Affekte und Gefühle wären wir gar nicht in der Lage, einen Willen auszubilden und ihn handlungswirksam werden zu lassen.

[9] Baumann (2000), S. 78: Baumann diskutiert hier kritisch den Freiheitsbegriff Harry G. Frankfurts. Ohne auf diese Diskussion eigens eingehen zu wollen, ist hier Baumanns Differenzierung verschiedener Arten von Zwängen und deren Unterscheidbarkeit von Typen zwingender Handlungen aufschlussreich. Die Frage ist, ob Leihmutterschaftsarrangements insbesondere in den Schwellenländern zwingende Angebote darstellen: ein „Angebot ist in dem Maße zwingend, in dem die Person, die es macht, damit eine Abhängigkeit des Adressaten ausnutzt" und wenn es darüber hinaus „für den Anbieter nicht irrational gewesen wäre, dem Adressaten ein besseres Angebot zu machen" (S. 76). Entscheidend ist hier nach Baumann, dass die Adressatin dennoch frei entscheidet und „nicht kompulsiv, aufgrund innerer Zwänge" (S. 81), denn solche „zwingenden Angebote" seien „nicht unvereinbar mit Entscheidungsfreiheit, sondern setzt[en] diese gerade voraus" (S. 80).

Textes entspricht.[10] Von zentralem Interesse ist hier die Frage, ob eine vermeintlich freie Entscheidung doch vielleicht unter Zwang getroffen wird und insofern „ein Element der Unfreiwilligkeit [enthält]"[11].

In diesem Aufsatz werde ich mich weitestgehend auf die ethische Perspektive begrenzen und rechtliche sowie psychologische Aspekte nur am Rande streifen. Mir geht es primär um die moralische Begründbarkeit des eigenen Entscheidens und Handelns aus philosophischer Sicht, konkret um die Bedingungen, unter denen sich Wunscheltern aus ethisch verantwortbaren Gründen für ein Arrangement entscheiden könnten, das den Leihmüttern eine wirklich freie Entscheidung ermöglicht. Dabei bilden die Wunscheltern schon deshalb den Ausgangspunkt, weil sie das Verhältnis allererst initiieren – ohne Nachfrage kein Angebot.[12] Die Perspektive der Kinder bleibt weitgehend außen vor, da ich im Kontext von Freiheiterwägungen nur jene Personen berücksichtige, die zum Zeitpunkt der in Frage stehenden Entscheidungen bereits existieren.

---

[10] Damit lasse ich die weitergehenden „klassischen" Streitfragen um Determinismus, Kompatibilismus und Inkompatibilismus in allen Varianten unberücksichtigt. Einen guten Überblick hierzu geben Keil (2009) und van der Heiden, Schneide (2008), sowie Quante (2019), S. 155 f. und 163–166. Vgl. Keil (2009), S. 112 f., 115 f.; zu den Merkmalen Horn (1996): 113–132, v. a. 115–119.

[11] Baumann (2000): 80.

[12] Vgl. Bleisch, Büchler (2021): 250–254.

Vgl. auch Bernard (2015): 326 zum prominenten Sorgerechtsstreit Calvert vs. Jonson; hier begründete der Supreme Court mit der Initiative der Wunscheltern, dass Ihnen das Kind zuzusprechen sei und diejenige Frau die Mutter sei, die „beabsichtigt", das Kind zu zeugen und aufzuziehen. Das Kind verdanke seine Existenz dem Wunsch der genetischen Eltern, die Tragemutter sei lediglich bereit, die Zeugung zu „erleichtern". In dieser „Entmaterialisierung des Zeugungsvorgangs" entdeckt Bernard die „Spuren aristotelischer Zeugungslehre". Gegen die Urteilsbegründung sprach sich allein eine einzige (und die einzige weibliche) Richterin aus, die sich der dem Urheberrecht analogen Argumentation des Gerichts nicht anschließen wollte, da Kinder keine „Eigentumsobjekte" und keine bloße „Idee" seien. (ebd.: 327) Dennoch hat sich diese Interpretation von Elternschaft als „Leistung schöpferischer Einbildungskraft" inzwischen in den USA durchgesetzt (ebd.: 328 f.).

Allen aufzuzeigenden Problemen und der derzeitigen Rechtslage[13] zum Trotz kann es nicht bloß um eine einseitige Ablehnung der Leihmutterschaft gehen; erstens ist der „Tatbestand", der hier zur Debatte steht, ja grundsätzlich ein positiv zu bewertender: es soll neues Leben entstehen. Darüber hinaus ist Leihmutterschaft schlichtweg etwas, was sich einer vollständigen Unterbindung entzieht: sie wurde immer schon praktiziert[14] und es wird sie aufgrund ihres potenziellen Vollzugs im Verborgenen auch weiterhin geben, selbst wenn sie gesetzlich verboten oder gesellschaftlich tabuisiert ist. Man darf getrost voraussetzen, dass sich die allermeisten „Wuscheltern [...] nicht leichtfertig für eine Leihmutterschaft entscheiden und viel über die Auswirkungen dieser Reproduktionsform reflektieren"[15]; die Entscheidung für ein solches Arrangement berührt schließlich in vielerlei Hinsicht das grundsätzliche Selbstverständnis von Menschen in Bezug auf existenzielle Themen wie Partnerschaft, Familie, Mutterschaft und auch die eigene Identität.

Intuitiv mag es vielen Menschen nachvollziehbar erscheinen, warum die meisten Staaten die Leihmutterschaft nach wie vor (oder wieder) verbieten. Trotz der

---

[13] Vgl. König (2020), S. 24: zur allgemeinen Ablehnung der Leihmutterschaft in Deutschland. Vgl. ebenfalls die Überblicksdarstellung zur Rechtslage in den einzelnen Lehmann et al. (2018) AZ WD 9-3000-039/18. Hier wird auch eine Befragung des Deutschen Ethikrates aus dem Jahr 2014 zitiert (S. 1), nach der in Deutschland 43 % der Bevölkerung gegen, aber immerhin 39 % für die Leihmutterschaft plädierten. Die kommerzielle Leihmutterschaft ist in den meisten europäischen Staaten verboten. In manchen Staaten (europäisch oder außereuropäisch) gibt es Ausnahmen, die die Erlaubnis etwa auf heterosexuelle Paare, die Staatsangehörige sind, beschränken (Indien), oder auf die Form der sog. altruistischen Leihmutterschaft (Australien, Kanada, Belgien, Niederlande, Griechenland); siehe zur „altruistischen Leihmutterschaft" das nächste Kapitel im vorliegenden Text). In einigen Ländern (z. B. Polen) gibt es keine genauen rechtlichen Regelungen. In Deutschland sind die Vermittlung und die Durchführung einer Leihmutterschaft durch das Adoptionsgesetz und durch das Embryonenschutzgesetz verboten. Es gilt zudem: „Mutter eines Kindes ist die Frau, die es geboren hat" (§ 1591 BGB). Strafrechtliche Konsequenzen ergeben sich für die Zuwiderhandlung aber nur für Vermittler und Mediziner, Leihmutter und Wunscheltern bleiben straffrei. U.a. in Russland, Ukraine, Kalifornien und Florida ist jede Form der Leihmutterschaft erlaubt.
Bernard zeichnet eindrücklich die historische Entwicklung der Vorstellungen über die Einheit von Mutter und Kind nach, die die Ablehnung von Leihmutterschaft seiner Einschätzung nach mitbegründen (siehe Bernard (2015), Kap. 3).
[14] Vgl. die Erzählung des Alten Testaments (1. Mose 16,1–16), nach der Sara, die Frau Abrahams, eine Magd ein Kind ihres Mannes austragen lässt. Auch zwischen Verwandten und Bekannten gab es wohl schon immer solche Arrangements.
[15] König (2020): 254: Allerdings scheint am Ende der Wunsch nach dem eigenen Kind die doch großen Bedenken zu überwiegen.

gewachsenen medizinischen Möglichkeiten bleibt es fraglich, „ob eine Gesellschaft ihre Vorstellungen von Elternschaft dem technologischen Wandel einfach anpassen"[16] will. Allerdings sind Entwicklungen in diese Richtung durchaus zu beobachten, wenn auch bisher hauptsächlich in den USA: in Kalifornien etwa, einem Staat mit einer ausgesprochen liberalen Gesetzgebung, ist sie inzwischen „zu einer fast alltäglichen Praxis geworden"[17]. Daher erscheint vielen Juristinnen das seit 1991 geltende Embryonenschutzgesetz[18], das die Leihmutterschaft indirekt verbietet, als veraltet und insbesondere im Hinblick auf die gesellschaftlichen Verhältnisse nicht mehr zeitgemäß; es mehren sich die Stimmen, die eine Neuregelung fordern[19]. Einerseits scheint es fraglich zu sein, ob allein Gesetze dazu führen, dass die Leihmutterschaft zum Normalfall wird; solange die Fertilität in der Bevölkerung konstant bleibt, ist es sehr unwahrscheinlich, dass massenhaft Frauen allein aus Lifestyle-Gründen ihre Schwangerschaft auslagern, und es ist selbst mit Bezug auf ungewollt Kinderlose fraglich, ob diese mehrheitlich eine Leihmutterschaft in Anspruch nehmen würden. Andererseits ist in nahezu allen Bereichen die Tendenz zu beobachten, dass mit dem medizinischen Fortschritt die Bereitschaft abnimmt, natürliche Bedingungen des eigenen Körpers als solche hinzunehmen.[20] Stattdessen besteht vielfach der Wunsch oder sogar die Forderung, das Behandlungsspektrum vollständig auszuloten und ursprünglich natürliche Prozesse der eigenen Lebenssituation entsprechend mitzugestalten, soweit dies technisch möglich ist.[21] Zu diesem veränderten Verständnis von Gesundheit und Krankheit kommt die, in vielen Gesellschaften mühsam errungene, Liberalisierung der Vorstellungen über moralisch zulässige Lebensformen hinzu, die dazu geführt hat, dass es inzwischen auch für Homosexuelle und Alleinstehende (beider Geschlechter) grundsätzlich eine Option ist, Eltern bzw. alleinerziehende Mutter oder alleinerziehender Vater werden zu wollen; diese Personen (insbesondere homosexuelle Männer) müssen zumeist in irgendeiner Form auf Reproduktionstechniken bzw. die Hilfe Dritter zurückgreifen.

---

[16] Kuhlmann (1998): 923.

[17] Bernard (2015): 329: so sollen es in den USA im Jahr 2015 bereits (insgesamt seit Beginn der Praxis) 50.000 Geburten nach Leihmutterschaft gegeben haben.

[18] Die deutsche Gesetzgebung verbietet die Leihmutterschaft indirekt durch das Adoptionsvermittlungsgesetz (AdVermiG) (sc. durch das Verbot der Vermittlung von Ersatzmüttern), durch das Embryonenschutzgesetz (ESchG) (sc. durch das Verbot, einer Frau eine fremde Eizelle oder einen fremden Embryo einzusetzen) sowie durch § 1591 BGB.

[19] Vgl. Esser (2021).

[20] Vgl. Großmaß, (2020): 259–269. Vgl. auch dazu Zeller-Steinbrich (2006): 67–111.

[21] Vgl. etwa die in den letzten Jahren rapide angestiegene Zahl von Wunschkaiserschnitten ohne medizinische Indikation.

2 Zwei Typen von Leihmutterschaft

Der Begriff der Leihmutterschaft beschreibt zunächst allgemein die Austragung eines Kindes zu dem Zweck, dieses Kind anderen Personen zur sozialen und rechtlichen Übernahme der Elternschaft zu überlassen. In der Regel handelt es sich bei den Wunscheltern um ein Paar, das selbst auf natürlichem Weg keine Kinder miteinander zeugen kann und das Kind, welches die Leihmutter ihm überlässt, gemeinsam großziehen möchte. Man kann zwei Grundtypen der Leihmutterschaft [22] unterscheiden:

1) Erstens die historisch ältere, mithin als ‚klassisch' bezeichnete Form der Hilfeleistung einer Frau für eine andere ungewollt kinderlose Frau bzw. für ein ungewollt kinderloses Paar, zumeist aus dem eigenen sozialen Umfeld. Bisweilen wird diese Form auch als altruistische Leihmutterschaft bezeichnet, um sie von der kommerziellen Variante abzugrenzen. Die Frau (früher nicht selten eine Verwandte) trägt ein durch eine Samenspende empfangenes Kind aus und überlässt es den Wunscheltern; diese sog. „Ersatzmutter" ist die genetische Mutter des Kindes, der empfangene Samen stammt meistens vom Wunschvater. Hier ist es unter Umständen möglich, dass die Zeugung ohne jegliche (medizinische) Hilfe Dritter erfolgt. Damit kann die Ersatzmutterschaft zumindest in der Empfängnis- und Schwangerschaftsphase theoretisch für Außenstehende vollständig unerkannt bleiben. Das juristische Problem der Anerkennung der Wunscheltern als rechtliche Eltern kann etwa durch die Anerkennung der Vaterschaft vonseiten des Wunschvaters gelöst werden, der die Ersatzmutter dann offiziell als vermeintlichen „Seitensprung" deklariert. Die psychischen und sozialen Konsequenzen für die Ersatzmutter, die nach sichtbarer Schwangerschaft plötzlich ohne Kind dasteht und der emotionale Stress für die Wunschmutter, die das aus einem angeblichen Seitensprung des Mannes entstandene Kind als eigenes annimmt, stellen weniger leicht zu lösende Probleme dar.
2) Die zweite, neuere, und erst durch den medizinischen Fortschritt der letzten fünfzig Jahre ermöglichte Form, ist die (häufig, aber nicht immer) geschäftsmäßig betriebene gestationale Leihmutterschaft. Diese inzwischen überwiegende Form der Leihmutterschaft findet bisweilen auch ohne Bezahlung (bzw. lediglich mit einer Aufwandsentschädigung) statt und wird dann ebenfalls als altruistisch bezeichnet. Die Zeugung des Kindes vollzieht sich hier im Labor, heutzutage in der Regel mittels einer „Intrazytoplasmatischen

---

[22] Zur Differenzierung siehe u. a. Bernard (2015): 21.

Spermieninjektion" (ICSI/*ixi*), es muss also medizinische Hilfe in Anspruch genommen werden. Das Geschäft wird in der Regel über Agenturen angebahnt, die dann als weitere Vertragsbeteiligte fungieren und deren Aufgabe in der Auswahl der Leihmutter und der Organisation der medizinischen Abläufe besteht; zudem sind sie während des Prozesse Hauptansprechpartner für alle Beteiligten. In den meisten Fällen, d. h. wenn möglich, stammt die Eizelle von der Wunschmutter und der Samen vom Wunschvater, daher besteht keine genetische Verwandtschaft des Kindes zu der dann sog. „Tragemutter", der die befruchtete Eizelle eingesetzt wird und die das Kind für die Wunscheltern austrägt. Dabei ist die „gestationale", d. h. „austragende", mithin *leibliche* Mutter während der Schwangerschaft mit dem Kind körperlich verbunden und insofern dessen biologische Mutter[23]. Bei homosexuellen männlichen Paaren, die auf eine Eizelle einer anderen als der austragenden Frau zurückgreifen, erweitert sich der Kreis der an der Elternschaft Beteiligten um eine weitere Person, sodass wir je nach Umständen eine Gruppe von vier (oder bei fremder Samenspende sogar fünf) Beteiligten haben: die Tragemutter (austragend, biologisch), die Eizellspenderin (genetisch), (evtl. der Samenspender, genetisch) und die Eltern (sozial, rechtlich; bei einer alleinerziehenden Person sind es dann wiederum nur vier oder drei). Schließlich ist auch die behandelnde Ärztin in gewisser Weise an der Zeugung beteiligt. Man sieht an diesen Rechenspielen: es ist kompliziert und ein Aufbruch des ursprünglich auf zwei Menschen unterschiedlichen Geschlechts, oder genauer gesagt einer Frau und eines Mannes begrenzten Prozesses, der an eine intime Beziehung gebunden ist und ohne Hilfe Dritter auskommt. Als eine besondere Variante der assistierten Reproduktion potenziert diese Form der Leihmutterschaft nicht nur den (auch bei anderen Formen assistierter Reproduktion notwendigen) Prozess der Technisierung der Fortpflanzung, sie führt auch über den Prozess der Reproduktion hinaus zu einer weiteren Aufspaltung von Mutter- bzw. Elternschaft (genetisch/austragend/rechtlich/sozial).

Bei der Diskussion um Leihmutterschaften werden sowohl in Forschungsbeiträgen als auch in Medienberichten eine Vielzahl unterschiedlicher Gesichtspunkte kritisch angesprochen; ich begrenze mich hier auf zwei Aspekte, die durchgängig als problematisch aufgeführt werden: 1. die Kommodifizierung, mit der, so wird vermutet, insbesondere in Entwicklungs- und Schwellenländern eine finanzielle Ausbeutung der Leihmütter einhergeht; 2. die Aufspaltung der Mutterschaft, die die natürliche Einheit von Austragung und Erziehung aufbricht. Ersteres ist ein

---

[23] Schrupp (2019): 139.

Problem insbesondere der kommerziellen Leihmutterschaftspraxis, wie sie vorwiegend praktiziert wird, letzteres betrifft die Leihmutterschaft an sich. Der erste Kritikpunkt ist nicht unproblematisch, setzt er doch eine Klärung der Vorstellung von Kommodifizierung[24] bzw. des Ausbeutungs-Begriffs voraus. Außerdem ist Ausbeutung – vorausgesetzt, dass sie hier vorliegt – weniger eine persönliche Angelegenheit zwischen Privatpersonen als vielmehr ein sozial- und wirtschaftspolitisches und Problem. Hier könnte ein wesentlicher Lösungsansatz in einer gesetzlichen Regelung liegen, etwa, indem man Leihmutterschaft in Deutschland unter strengen Regulierungen erlauben würde.[25] Das zweite Problem der Aufspaltung der Mutterschaft scheint hingegen normativer Natur zu sein und daher auf einer anderen Ebene gelöst werden zu müssen. Bevor ich näher auf beide Gesichtspunkte eingehe, richte ich zunächst einleitend einen kurzen Blick auf die Frage nach der Legitimität der Realisierung des Kinderwunsches durch eine Leihmutterschaft.

3   Eine legitime Möglichkeit?

Jede Leihmutterschaft nimmt ihren Anfang in dem Moment, in dem ein Paar (oder auch eine alleinstehende Person) sich ein Kind wünscht und feststellt, dass es bzw. sie ohne Hilfe Dritter kein Kind zeugen kann/können.[26] Nun kann das Paar bzw. die Person überlegen, ob sie diesen Wunsch weiterverfolgen sollte oder aber akzeptieren kann, dass er unerfüllt bleibt. Dabei ist der Wunsch nach Kindern weitestgehend gesellschaftlich akzeptiert, eine Familie gründen zu wollen wird allgemein als gängige Variante eines gelingenden menschlichen Lebensentwurfs anerkannt, der in uns von Natur aus angelegt ist, sodass es dafür keiner weiteren Legitimierung gegenüber sich selbst oder der Gesellschaft bedarf. Auch der Staat respektiert dieses Interesse uneingeschränkt und erkennt die Familie als schützenswertes Gut an. Die relativ neue Diskussion um die Frage, ob es aus klimaethischen Erwägungen geboten sein kann, gänzlich auf Kinder zu verzichten, zeigt vor allem, was noch immer der Regelfall ist; es ist zu vermuten, dass

---

[24] Engl. commodity = Ware, womit der Aspekt der Versachlichung, Verdinglichung angesprochen wird.
[25] Esser (2021): 282–295.
[26] Von Sterilität spricht man laut klinischer Definition dann, wenn bei einer Frau nach einem Jahr trotz regelmäßigem Geschlechtsverkehr keine Schwangerschaft eintritt.

die Mehrheit der Menschen auch in der Zukunft nicht aus ökologischen Gründen gänzlich auf Kinder verzichten möchte.[27]

Jedenfalls befasst sich wohl fast jeder Mensch in einer bestimmten Lebensphase mit der Frage, ob man überhaupt jetzt (oder irgendwann oder wann genau) ein Kind wollen sollte, wobei diese Frage ebenso wie ihr potenzielles Ergebnis, das Wunschkind, „kulturgeschichtlich gesehen junge[] Phänomen[e]"[28] sind. Erst seit ein paar Jahrzehnten haben Wunscheltern mehrere Möglichkeiten, zu überlegen, was sie nun tun könnten, wenn es nicht funktioniert, und sie haben die Wahl zwischen mehreren Alternativen. Kommt eine Adoption nicht infrage und halten sie an ihrem Willen fest, werden sie die Intimität ihrer Zweierbeziehung aufbrechen müssen.[29] *Abgesehen von* oder vielleicht auch *einhergehend mit* der Tatsache, dass Leihmutterschaften in vielen Ländern verboten sind, rufen nun vorrangig die zwei bereits angesprochenen Punkte Skepsis gegenüber dieser Möglichkeit hervor.

Erstens wird die Tatsache, dass die Leihmutter für die Austragung eines Kindes bezahlt wird, als bedenklich empfunden und rückt sie in eine gewisse Nähe zur Prostituierten; dieser Vergleich ist durchaus nicht abwegig, denn es gibt einige Gemeinsamkeiten[30]: so handelt es sich in beiden Fällen um ein vorrangig weibliches Phänomen, das die Intimsphäre der Frau und ihre sexuelle Selbstbestimmung betrifft; in beiden Fällen gibt es eine große Diskrepanz zwischen den vielen, die diese Arbeit wahrscheinlich aus Armut wählen, und den wenigen, die offenbar ohne Not und aus Lust an der Tätigkeit in geschützter Umgebung eine (nach

---

[27] Das schon länger bekannte Problem der Überbevölkerung löst man im Übrigen vielleicht weniger in Nordamerika und Europa als mit einer klugen Bildungs- und Frauenpolitik in den sog. Entwicklungsländern. Die durchschnittliche Geburtenrate in Deutschland liegt laut Statistischem Bundesamt momentan bei 1,58 Kindern, vgl. Statistisches Bundesamt 2023. Die durchschnittliche Geburtenrate im Niger, dem weltweit geburtenstärksten Land, lag 2022 laut UNO bei etwa 6,74 Kindern, vgl. UN Data 2022.

[28] Kuhlmann (1998): 922.

[29] Wunscheltern, die assistierte Reproduktionstechniken in Anspruch nehmen, sehen sich allerdings allgemein einem hohen Rechtfertigungsdruck ausgesetzt.

[30] Vgl. Nussbaum (1999): 937–966: Nussbaum betont, dass bei der Prostitution nicht der Gebrauch des Körpers gegen Bezahlung das eigentliche Problem sei, sondern die katastrophalen Lebensbedingungen der Frauen im Zusammenhang mit Prostitution; kaum eine Frau wähle die Prostitution wirklich freiwillig, sondern aus wirtschaftlicher Not und mangelnden Alternativen. Die Lösung liegt dementsprechend in Bildung und einer Stärkung der wirtschaftlichen Aufstiegschancen; auch Kants Selbstzweckformel verbietet nicht jede Form von „jemanden zum Zweck" machen, sondern nur, einen Menschen „ausschließlich zum Zweck" zu machen. Ich mache die Friseurin auch zu meinem Zweck, wenn ich ihr Geld dafür bezahle, dass sie mir die Haare schneidet, und sie macht ihren eigenen Körper *auch* zum Zweck.

eigener Einschätzung) gut kompensierte „Dienstleistung" anbieten. Bei beiden, Leihmüttern wie Prostituierten, wird oft vermutet, dass die Frauen ihre Entscheidung nicht wirklich frei treffen, d. h. dass sie sich nicht als Leihmutter bzw. Prostituierte zur Verfügung stellen würden, wenn sie eine gute Alternative hätten. Eine solche Alternative impliziert u. a. eine gute Ausbildung und ein stabiles soziales Umfeld. Auch spielt bei beiden die Vorstellung einer Verdinglichung des weiblichen Körpers mit hinein, der hier scheinbar zu einer Ware wird. Während Leihmutterschaft aber immer noch eine sehr spezielle Erscheinung ist, handelt es sich bei der Prostitution um ein wohlbekanntes und vielfach praktiziertes Phänomen; dementsprechend verweist der Vergleich bzw. die Gleichsetzung insbesondere auf die nach wie vor allgegenwärtige Stigmatisierung der Prostituierten und ist daher vielleicht in erster Linie als Versuch zu verstehen, die Leihmutterschaft in eine bestimmte Richtung hin zu „labeln".

Zweitens ist eine Leihmutterschaft nach dem Empfinden vieler Menschen etwas *befremdliches,* weil sie die üblichen Eingriffe der Medizin in die Natur[31] übersteigt und in besonderem Maße in die Intim- und Privatsphäre von Personen eingreift, oft auch eine dritte (oder weitere) Person involviert und es zu einer bedenkenswerten Konstellation zwischen den Beteiligten kommt, die unter dem Schlagwort ‚Aufspaltung der Mutterschaft' gefasst werden kann. Beide Gesichtspunkte (die Kommodifizierung[32] und die Technisierung bzw. Aufspaltung) hängen eng miteinander zusammen und haben viel mit kulturell tradierten Sichtweisen auf Mutterschaft und auf den weiblichen Körper zu tun.[33] Allerdings

---

[31] Zum Aspekt der Natürlichkeit, vgl. Birnbacher (2006), insb. Kap. 6, S. 138–168.

[32] Zum Aspekt der Kommodifizierung, vgl. Anderson (1990): 71–92, insb. S. 72: "To the extent that moral principles or ethical ideals preclude the application of market norms to a good, we may say that the good is not a (proper) commodity. Why should we object to the application of a market norm to the production or distribution of a good? One reason may be that to produce or distribute the good in accordance with the norm is to fail to value it in an appropriate way. Consider […] the commodification of persons. Slaves are treated in accordance with the market norm that owners may use commodities to satisfy their own interests without regard to the interests of the commodities themselves. To treat a person without regard for her interests is to fail to respect her. But […] rational beings […] possess a dignity which commands respect. […] Any ideal of human life includes a conception of how different things and persons should be valued" (S. 72): Der Gebrauch ist die spezifische Art, mit der wir uns ausschließlich solchen Dingen/Waren gegenüber nach Maßgabe unserer nichtmoralischen Interessen verhalten, denen wir keinen intrinsischen Wert, also keine Würde zusprechen (S. 72 f.).

[33] Vgl. Bernard (2015), Kap. 3: Bernard zeichnet eindrücklich die historische Entwicklung der Vorstellungen über die Einheit von Mutter und Kind nach, die die Ablehnung von Leihmutterschaft seiner Einschätzung nach mitbegründen. Es sei gleichzeitig angemerkt, dass etwas noch nicht deshalb abzulehnen ist, weil es kulturell tradiert ist, schwierig wird es erst,

muss man sich nicht allein auf Traditionen oder gar auf unhinterfragte, ideologisch gefärbte Frauen- und Mutterbilder berufen, vielmehr kann eine auf diese Punkte beziehende Kritik bis zu einem gewissen Punkt argumentativ begründet werden. ‚Bis zu einem gewissen Punkt' heißt, dass es bei aller Reflexion eine Grenze gibt, an der man auf eine nicht mehr weiter begründbare Haltung stößt, die für die persönliche oder auch gesellschaftliche Bewertung ungeachtet aller möglichen Gründe von Bedeutung bleibt. Diesen Punkt markiert in der Leihmutterschaftsdiskussion wie bei vielen anderen bioethischen Fragen der Verweis auf die (sich zumeist auf Kant berufende) Menschenwürde[34]. Wenn bei der Antwort auf die Frage, *warum* denn Sex, Schwangerschaft, Geburt und Kinder nicht kommodifizierbar sein sollten und damit auch nicht aufspaltbar, der Würdebegriff ins Feld geführt wird, markiert dies gewissermaßen einen Endpunkt der Diskussion, insofern Würde nur als Norm konstatiert werden bzw. als Anspruch formuliert werden kann.

4 Kommodifizierung und Ausbeutung

Mit der geschäftsmäßigen Anbahnung begeben sich sowohl die Leihmutter als auch die beauftragenden Eltern in eine ungute Gemengelage asymmetrischer Machtverhältnisse, in deren Zentrum zumeist eine vermittelnde und organisierende Agentur steht; diese verdient sowohl *an* den Wunscheltern als auch *mit* der Tragemutter sehr viel Geld.[35] Was die Wunscheltern als Auftraggeber betrifft, wird ihr heiß ersehntes Kind mit einem hohen Preis versehen, von dem oft nur ein Bruchteil bei der Leihmutter ankommt. Die Leihmutterschaft in dieser heute vorrangig praktizierten kommerziellen Variante mit Leihmüttern insbesondere aus prekären wirtschaftlichen Verhältnissen scheint daher aufgrund des hohen finanziellen Ausbeutungspotenzials problematisch zu sein. Im Rahmen dieses Aufsatzes

---

wenn Menschen sich diesen Traditionen beugen (müssen) und keine Möglichkeit haben, eigene Vorstellungen eines guten Lebens zu entwickeln oder sich mit den vorgefundenen Traditionen kritisch auseinanderzusetzen.
    Vgl. Bleisch, Büchler (2021): 232: Mit Blick auf die Leihmutter bzw. die Wunschmutter wird kritisiert, dass die grundlegende Ablehnung der Leihmutterschaft in einem traditionellen Mütterideal gründe, nach dem nur eine Mutter, die ihr Kind selbst ausgetragen habe, eine „echte Mutter" sei.
[34] Vgl. Nussbaum (1999): 937–966, Reiter (2004): 1–19: Die Würde wird dem Menschen nicht (von einem Gott oder von einem Staat) „gegeben", sie ist vielmehr „vorgegeben" als Anspruch, der anzuerkennen ist (S. 8).
[35] Beier (2020): 159.

verstehe ich unter einer *Ausbeutung* der Leihmutter, dass diese keinerlei oder einen ungleich geringeren Nutzen aus der Übereinkunft zieht als die Wunscheltern (und die Agentur) und dass die Umstände, unter denen sie dem Arrangement zustimmt (insbesondere die fehlenden Alternativen einer vergleichbar einträglichen Arbeit) die Freiheit ihrer Entscheidung „unterminieren"[36] und daher ihre relative Abhängigkeit ausgenutzt wird; auch das hohe Risiko für die körperliche und seelische Gesundheit der Frau hat ausbeutenden Charakter.[37] Im Kern läuft das Ausbeutungsargument darauf hinaus, dass es sich um ein Angebot handelt, bei dem folgendes Risiko besteht: je schlechter es um die (wirtschaftliche und/ oder psychosoziale) Lebenssituation der Leihmutter bestellt ist und je geringer die Bezahlung ist, desto wahrscheinlicher ist es, dass das Angebot den Charakter eines ausbeuterischen, ja „zwingenden Angebots"[38] annimmt, welches die freie Entscheidung der Leihmutter zu korrumpieren droht. Die Leihmutterschaften etwa in Kalifornien, deren Bezahlung bisweilen weit über die Deckung der Kosten hinausgeht, stehen zwar weniger unter dem Verdacht der wirtschaftlichen Ausbeutung, dafür scheint in einigen Fällen eine starke psychische Bedrängnis[39] bei den Frauen vorzuliegen, welches von den Wunscheltern (unbewusst) ausgenutzt wird.

---

[36] Zwolinski, Ferguson, Wertheimer (2022): Eine allgemeine, aber im vorliegenden Kontext hinreichende Definition wäre: „To exploit someone is to take unfair advantage of them. It is to use another person's vulnerability for one's own benefit." Die beiden wesentlichen Merkmale eines ausbeuterischen Verhältnisses wären damit der ungleich höhere Nutzen/ Vorteil des Ausbeutenden und Ausnutzung einer Schwäche/Verletzlichkeit/Abhängigkeit des Ausgebeuteten.
Vgl. auch Wertheimer, Alan (1998).

[37] Ebd.

[38] Vgl. Baumann (2000): 78.

[39] Vgl. Bernard (2020): 332: So gibt es Vermutungen, dass Leihmütter jenseits finanzieller Interessen aus psychologischen Motiven handelten, die letztlich eigennützig sind: manche hätten das Bedürfnis, mit der Tragemutterschaft für vergangene Entscheidungen und Handlungen zu sühnen oder empfänden durch die Leihmutterschaft „das Gefühl, gebraucht zu werden".
Vgl. Esser (2021): 32: „Einige der Frauen, die bereits eine Abtreibung durchgeführt oder ein Kind zur Adoption freigegeben haben, hoffen ferner, diesen Verlust durch Leihmutterschaft zu verarbeiten und Schuldgefühle aus der Vergangenheit überwinden zu können. […] Andere wollen nach eigener Aussage ihr Selbstwertgefühl steigern und sich ‚gut fühlen'". Auf der Website der Agentur „Growing Generations" wird eine Leihmutter zitiert, die angibt, die Leihmutterschaft sei eines der „most fulfilling things in my life" gewesen. Friedericke Wapler spricht von einem „Narrativ der altruistischen Leihmutter" Wapler (2018): 132.

Tatsächlich legen die Geschäftsmäßigkeit des Arrangements und die professionelle Organisation assistierter Elternschaft eine Machbarkeit und Kontrollierbarkeit nahe, die bei näherem Hinsehen recht begrenzt ist, denn auch beim teuersten Anbieter und dem akribischsten Screening zur Auswahl einer „perfekten" Tragemutter bleibt ein Rest von Unwägbarkeit darüber, wer diese Frau eigentlich ist und wer das entstehende Kind sein wird. Kein Gutachten der Welt wird diese Ungewissheit ausräumen können. Dem (mehr oder weniger unbewussten) Risiko der Verdinglichung des Kindes bzw. der trügerischen Vorstellung, es handele sich letztlich doch bloß um ein Geschäft wie jedes andere, könnte man aber durch eine (verpflichtende) eingehende psychosoziale Beratung der Eltern, wohlgemerkt von neutraler Seite, sicher entgegenwirken, was natürlich eine Enttabuisierung und eine Legalisierung voraussetzte.

Bemerkenswert ist in Bezug auf die vorangegangene Überlegung die sich im Laufe des Prozesses verändernde, fast paradoxe Bewertung[40] der Bedeutung der Leihmutter durch die Agenturen und die Wunscheltern: es wird im Hinblick auf die Auswahl der Leihmutter betont, wie sorgfältig die Frau auf „Herz und Nieren" überprüft wird. Vom physischen und psychischen Gesundheitszustand über die sozialen Lebensumstände bis hin zum Aussehen erstrecken sich die Selektionsmerkmale, die nicht nur dem Ausschluss direkter gesundheitsgefährdender Einflüsse auf das Baby im Mutterleib dienen. Ein wesentliches Kriterium für die Auswahl durch eine Agentur in der Ukraine ist auch, dass nur eine Frau als Leihmutter engagiert werden soll, welche die Fähigkeit besitzt, „Emotionen zu kontrollieren"[41], wohl um keine Bindung zum Kind zu entwickeln. Auch der detaillierte Katalog an verbotenen und gebotenen Verhaltensweisen, der u. a.

Vgl. ebenfalls kritisch zur Abgrenzung „kommerziell-altruistisch" Kuhlmann (1998): 924 (mit Bezug auf Elizabeth Anderson): so beziehe sich die Ausbeutung der Leihmutter gerade auf deren Gefühle, die jede (selbst die wirtschaftlich motivierte) Leihmutter notwendigerweise immer auch für das Kind in ihrem Bauch habe.

[40] Vgl. Bernard (2015): 117 f.: zu dieser Paradoxie die Ausführungen Bernards, allerdings dort in Bezug auf Samenspender. Die Auswahlmechanismen in Bezug auf die Leihmutter sind vielleicht ihrerseits Ausdruck der historisch tradierten Vorstellungen über die Bedeutung pränataler Mutter-Kind-Bindungen, die aber andererseits nach dem Wunsch der Wunscheltern keine übermäßige Rolle spielen sollen.

Vgl. Bernard (2015): 304, 308: Der Vergleich der Leihmutter mit der historischen Figur der Amme ist in diesem Kontext nur folgerichtig. Die sorgsame Auswahl der Amme konnte für das ihr anvertraute Kind lebensrettend sein, gründete aber auch in teils mythologischen Vorstellungen hinsichtlich des Einflusses der Mutter auf das Kind.

[41] Dies verspricht die Website der in der Ukraine ansässigen „Feskov Human Reproduction Group", einem Unternehmen, welches das gesamte Spektrum reproduktiver Medizin anbietet und begleitet.

die Ernährung regelt, die Vermeidung bestimmter Risiken garantiert und die engmaschige Kontrolle über die Einhaltung dieser Verhaltensregeln verspricht, verdeutlicht die Bedeutung, die der biologischen, austragenden Mutter im Vorfeld für das „Gelingen" des Wunschkindes zugeordnet wird. Im Übrigen sind ein Ausschluss aller möglichen Gendefekte und die Wahl des Geschlechts inzwischen eine Standardleistung. Doch sogleich *nach* der Geburt soll die Person der Leihmutter keine Rolle mehr spielen und nur die soziale Mutter- bzw. Elternschaft relevant sein, die Leihmutter, die während der Schwangerschaft im Zentrum der Beobachtung stand, verschwindet plötzlich von der Bildfläche. Paradoxerweise wird wiederum die Bedeutung der genetischen Elternschaft, die ja selbst *zugleich* eine biologische ist, durch die Leihmutterschaft betont, da die Wunscheltern ja durch die Leihmutter doch irgendwie ein „eigenes" Kind haben wollen.[42]

5   Die Aufspaltung der Mutterschaft

Das zweite große Problem besteht damit in der an die Leihmutter gestellten Forderung, keine oder doch eine nur auf die Zeit der Schwangerschaft und Geburt begrenzte emotionale Beziehung zum Kind aufzubauen, oder doch wenigstens die entstehende Bindung so zu kontrollieren, dass es sogleich nach der Geburt zur Trennung kommen kann. Die verordnete innere Distanz als Folge der Aufspaltung der Mutterschaft (eigentlich auch schon der Aufspaltung der *Schwangerschaft*) fordert den Abbruch des biologischen Programms zwischen Mutter und Kind. Insofern die meisten Agenturen darauf bestehen, dass die potenziellen Mütter schon eigene Kinder haben sollten, geben sie selbst dieses Problem implizit zu.[43] Die Spaltung von biologischer und sozialer Mutterschaft betrifft das Leihmutterschaftskonzept an sich und ist nicht bloß ein implizites Problem der kommerziellen Variante. Bei jeglicher Leihmutterschaft sei sie kommerziell oder

---

Die in den USA ansässige Leihmutterschaftsagentur „Growing Generations" unterzieht potenzielle Leihmütter einem „psychological Screening" und wirbt damit, dass die ausgewählten Leihmütter zu den „top 2 %" aller Bewerberinnen gehören.

[42] Vgl. Kuhlmann (1998): 921.

[43] Vgl. Anderson (1990): 81 f.: „Pregnancy is not simply a biological process but also a social practice." „The demand to deliberately alienate oneself from one's love for one's own child is a demand which can reasonably and decently be made of no one. [...] there is every reason to expect that many women who do sign a surrogate contract will [...] form a loving attachment to the child they bear".

altruistisch, sei sie schlecht oder gut bezahlt, wird ein Verhältnis von großer körperlicher und psychischer Intimität zuerst künstlich hergestellt und dann künstlich beendet. Das (indirekte) gesetzliche Verbot der Leihmutterschaft[44] in Deutschland setzt genau an dieser Aufspaltung der biologischen Einheit von Mutter und Kind an und beurteilt sie 1991 noch (im Grunde spekulativ) als potenzielle Gefahr für die Entwicklung der Persönlichkeit des Kindes. Neben dem Anliegen, mit Blick auf die Bedeutung der Mutter-Kind-Beziehung eine seelische Gefährdung des Kindes[45] zu vermeiden, soll die Ausnutzung der Ersatzmutter zum Zweck der Erfüllung des Kinderwunsches eines anderen Paars verhindert werden.[46] Die Trennung von Mutter und Kind nach der Geburt wird zudem als schwerer Eingriff für beide bewertet.[47] Schließlich stellt das Gesetz klar, dass zum einen die altruistische Ersatzmutterschaft letztlich die gleichen Risiken birgt wie die kommerzielle, wobei bei letzterer die Gefahr der Versachlichung von Kind und Ersatzmutter „besonders schwer wiegt"[48]. Darüber hinaus weist es die Gleichsetzung der Problemkonstellation von Ersatzmutterschaften mit der Problematik der gespaltenen Mutterschaft bei Adoptionen unter dem Hinweis zurück, dass es „zu einer dem Kindeswohl dienenden Adoption keine vertretbare Alternative gibt, während bei der Ersatzmutterschaft die maßgebliche Vereinbarung schon getroffen ist, *bevor* das Kind überhaupt gezeugt ist."[49] Im Ergebnis soll daher bei

---

[44] Vgl. König (2020): 24.

[45] BT-Drs. 11/4154: 6: Das Konstrukt der Leihmutterschaft missachte „die Bedeutung der Entwicklung im Mutterleib für die Persönlichkeit des Kindes und de[n] bedeutende[] Beitrag der biologischen und psychologischen Beziehung zwischen der Schwangeren und dem Kind zu dieser Entwicklung".

[46] Ebd., Adoptionsvermittlungsgesetz, S. 6 f.: „Ziel […] ist es, […] daß Ersatzmutterschaften unterbleiben und auf diese Weise sowohl die Entstehung menschlichen Lebens geschützt als auch Störungen der pränatalen Entwicklung und menschenunwürdige Konflikte bei den betroffenen Frauen und Kindern vermieden werden." „Für die Bewertung der Ersatzmutterschaft steht dem [Schicksal ungewollter Kinderlosigkeit] der einschneidende Eingriff in die Persönlichkeit vor allem der auf diese Weise entstehenden Kinder, aber auch der für die Realisierung dieser Interessen benutzten Frauen und gleichermaßen der Einfluß auf die bereits in der Schwangerschaft beginnende Mutter-Kind-Beziehung gegenüber".

[47] Ebd.: 6 f.: „Bei Kindern geht es vor allem um eine ungestörte Identitätsfindung und eine gesicherte familiäre Zuordnung, bei den Frauen darum, menschenunwürdige Konflikte aus einer Übernahme von Schwangerschaften als Dienstleistung und nicht zuletzt mögliche Streitigkeiten um die Herausgabe des Kindes auszuschließen".

[48] Ebd.: 7.

[49] Ebd. [Hervorhebung A.-B.]

einer Abwägung der an sich verständliche Wunsch nach einem Kind keinen Vorrang vor dem Schutz der potenziellen Ersatzmutter und ihres Kindes genießen.[50] Im Gegenteil zielt das Gesetz auf die Rechtssicherheit der austragenden Mutter und begründet dies sowohl mit dem Schutz des Kindeswohls als auch mit dem psychosozialen Gefährdungspotenzial für die Frau.[51] Interessant ist hier die Differenzierung, ob eine Entscheidung ganz bewusst und freiwillig unter Inkaufnahme von Risiken getroffen wird oder ob Ereignisse, die niemand beabsichtigt hat, im Nachhinein negative Folgen zeitigen, aus denen man dann das Beste macht.[52]

Die Argumentation des geltenden deutschen Rechts berücksichtigt allerdings nicht den aktuellen Forschungsstand. In der medizinethischen Diskussion wird die Aufspaltung der Mutterschaft ebenfalls als mögliches Problem im Hinblick auf das Kindeswohl bzw. auf die Identitätsbildung des Kindes thematisiert.[53] Grundsätzlich erschwert wird jegliche Bewertung durch die relativ dünne Faktenlage: die Folgen von Leihmutterschaftsverhältnissen für Mütter und Kinder sind bisher einfach nicht hinreichend dokumentiert, sodass sich noch kein abschließendes Urteil ergibt.[54] Zudem heißt es, von „Befürwortern und Vertreterinnen alternativer Zeugungsmethoden [werde] die Studienlage oft überstrapaziert. Vor allem [werde] sie unzulässig generalisiert."[55] Die schlechte Datenlage könnte indes mehrere Gründe haben: neben einer insgesamt geringen Fallzahl und der Tatsache, dass sich die Leihmutterschaftspraxis in der rechtlichen Grauzone abspielt, könnte ein weiterer Grund sein, dass solche Untersuchungen für die Beteiligten potenziell die Gefahr vermeintlich unerwünschter Ergebnisse birgt. Die

---

[50] Ebd.

[51] BT-Drs. 13/4899: 82. „[Es] soll nur die Frau, die das Kind zur Welt bringt, Mutter des Kindes im familienrechtlichen Sinne sein. Ausgangspunkt dieser Regelung ist die Überlegung, daß es eine „gespaltene Mutterschaft" im Interesse des Kindes nicht geben soll [da] nur die gebärende Frau zu dem Kind während der Schwangerschaft sowie während und unmittelbar nach der Geburt eine körperliche und psychosoziale Beziehung hat. Die Mutterschaft dieser Frau soll daher auch keine bloße Scheinmutterschaft sein, […] vielmehr steht die Mutterschaft der gebärenden Frau von vornherein unverrückbar fest. Diese klare Regelung dient auch der Verhinderung von Leihmutterschaften".

[52] Es mag für alle Beteiligten einen Unterschied machen, ob ein Kind von seiner Mutter allein großgezogen wird, weil der Vater im Krieg ums Leben gekommen ist, oder ob eine Frau von vornherein beabsichtigt, schwanger zu werden und das Kind allein groß zu ziehen. Ergebnis und Folgen mögen sich in beiden Fällen gleichen, nämlich, dass das Kind ohne Vater aufwächst, aber im ersten Fall war dies nicht ursprünglich beabsichtigt, in letzterem Fall ist es eine bewusste Entscheidung der Mutter gewesen.

[53] Vgl. Velleman (2005): 357–378 (mit Bezug auf Eizellspende und Leihmutterschaft).

[54] Vgl. für den Überblick: Deutscher Bundestag (2018): 15–19.

[55] Oelsner, Lehmkuhl (2022): 32.

bisher größte Langzeitstudie untersuchte gerade einmal 28 britische Kinder aus (altruistischen!) Leihmutterschaften und ist damit nicht repräsentativ; sie kommt jedoch zu dem Ergebnis, dass eine fehlende genetische Verbindung eher negative Folgen zu haben scheint als eine fehlende biologische Verbindung während Schwangerschaft[56]. Insgesamt ging es den Leihmutterschaftskindern in den ersten sieben Lebensjahren nicht schlechter als natürlich gezeugten Kindern, sie leben in normalen, im Großen und Ganzen glücklichen Eltern-Kind-Beziehungen.[57] Die wenigen Forschungsarbeiten, die sich mit den Folgen des Arrangements für die Leihmutter befassten, legen hingegen aufgrund ihrer Befunde bestimmte *Tendenzen* der Interpretation nahe, die wohl auf einige, aber eben nicht ausnahmslos auf *alle* Leihmütter aus der betreffenden Gruppe zutreffen:

- In ärmeren Ländern entscheiden sich die meisten Frauen einzig und allein bzw. vorrangig aufgrund ihrer Armut für eine Leihmutterschaft, d. h. das Motiv für ihre Handlung ist die relativ hohe Bezahlung; in Indien etwa verdiente eine Leihmutter mit einer einzigen Austragung in etwa so viel Geld wie ihre ganze Familie zusammen in fünf Jahren der Erwerbstätigkeit.[58] Leihmütter in Indien litten im Vergleich zu anderen Müttern etwas häufiger unter Depressionen und schätzten ihre Lebenssituation insgesamt als belastend ein.[59]
- In wohlhabenden Ländern scheint die Motivlage komplexer zu sein: hier begründen viele Leihmütter ihre Entscheidung mit dem Wunsch, anderen zu helfen, d. h. altruistisch; diese Hilfeleistung dient aber nicht nur den Wunscheltern, sondern auch dem eigenen Selbstwertgefühl und ist insofern auch eigennützig.[60] Darüber hinaus geben einige Leihmütter an, durch die Leihmutterschaft einen früheren Schwangerschaftsabbruch oder eine Freigabe zur Adoption wiedergutmachen zu wollen bzw. jene früheren Verluste verarbeiten zu wollen; unklar bzw. stark divergierend ist der Informationsstand der Leihmütter vor ihrer Entscheidung.[61]

Generell besteht bezüglich der Untersuchungen, die sich mit den Folgen der assistierten Reproduktion befassen, das Problem, dass die Leihmutterschaftsbeziehungen stets „durch den Filter der Wahrnehmung der Betroffenen selbst

---

[56] Golombok et al. (2016): 1579–1588.
[57] Ebd.
[58] Pande (2010): 974; Karandikar et al. (2014): 227.
[59] Lamba, Jadva (2018): 185.
[60] Jadva et al. (2003): 2199.
[61] Parker (1983): 117 f.; Van den Akker (2003): 146 f., 150 f.

beurteilt w[e]rden"[62]. Gerade wenn es darum geht, ein Modell zu verteidigen, das allgemein eher skeptisch beurteilt wird, könnte der Wunsch, diese allgemeine Skepsis zu widerlegen, besonders groß sein. Andererseits garantiert die Beurteilung Außenstehender ihrerseits keine objektive Perspektive[63]. Es besteht also sowohl die Gefahr einer beschönigenden Interpretation durch die Betroffenen selbst als auch einer übertrieben kritischen Beurteilung durch Außenstehende. Mit Blick auf die Ablehnung der Leihmutterschaft aufgrund der Aufspaltung wird bisweilen kritisiert, dass diese Kritik in einem traditionellen Mütterideal gründe, nach dem nur eine Mutter, die ihr Kind selbst ausgetragen habe, eine „echte Mutter" sei.[64] Ebenso sei es eine Unterstellung, dass „sich Leihmütter notwendig innerlich vom Kind distanzieren"[65]. Dem letzten Einwand ist jedoch entgegenzuhalten, dass diese Distanzierung sowohl von den Agenturen als auch von den Wunscheltern explizit erwartet bzw. erhofft wird. Die Tatsache, dass die Leihmütter häufig von sich aus (und auch schon während der Schwangerschaft) auf Distanz[66] zu den Kindern gehen, dürfte auch mit der (berechtigten) Sorge vor einer sich unwillkürlich einstellenden Bindung zusammenhängen. Wenn es denn tatsächlich zu dieser Bindung kommt und die (Leih)Mutter das von ihr geborene Kind nicht hergeben will, ist die erzwungene Trennung ein großes moralisches Problem, denn das natürliche Band zwischen Mutter und Kind hält sich nun einmal nicht an Verträge; insofern wäre die Trennung von Mutter und Kind „illegitim".[67]

Bezüglich möglicher psychosozialer Risiken für Mutter und Kind kann man zusammenfassend sagen, dass die Langzeitfolgen der Praxis noch nicht hinreichend untersucht sind. Die Aufspaltung der Mutterschaft birgt ein noch nicht genau abschätzbares Risiko für die psychische Gesundheit der Leihmutter; in Bezug auf das Kindeswohl scheint die Aufspaltung hingegen kein Problem darzustellen, wenn die Kinder in einer liebevollen Familie aufwachsen und über die Art ihrer Entstehung aufgeklärt werden.

---

[62] Lehmann et al. (2018): 19.
[63] Beier (2020): 160. Vgl. auch Witt, (2014): 49–64.
[64] Bleisch, Büchler (2021): 232.
[65] Ebd.: 233.
[66] Lamba (2018): 188.
[67] Gheaus (2021): 37–49.

6 Die Entscheidung der Wuncheltern

Eine reflektierte Entscheidung der Wunscheltern setzt bei diesen ein Bewusstsein der eigenen Freiheit, aber auch der mit ihr einhergehenden moralischen Verantwortung voraus. Welche Entscheidungsalternativen sind den Wunscheltern möglich? Eine Option wäre, zu akzeptieren, dass das Leben bisweilen auch legitime Wünsche nicht erfüllt.[68] Einige würden diese Überlegung mit Verweis auf ihr Persönlichkeitsrecht (bzw. eben ihre Handlungsfreiheit) ablehnen, obwohl das Recht auf reproduktive Selbstbestimmung ja ein Abwehrrecht ist; es gibt keine Bringschuld des Staates, der Gesellschaft oder des Schicksals, die dafür zu sorgen hätte, dass ich ein eigenes Kind bekomme (geschweige denn ein durch Leihmutterschaft entstandenes), es kann lediglich darum gehen, sicherzustellen, dass niemand daran gehindert wird, innerhalb der Grenzen des gesetzlich Zulässigen nach seiner Façon glücklich zu werden[69].

Die kommerzielle Leihmutterschaft in Schwellen- und Entwicklungsländern ist aufgrund der wirtschaftlichen und sozialen Implikationen ethisch problematisch: sie befördert die finanzielle Ausbeutung der Tragemütter und verfestigt die prekären Lebensbedingungen von Frauen in diesen Ländern.[70] Im Gegensatz etwa zum Konsum billiger Kleidung tritt die Ausbeutung hier ganz direkt zutage und bleibt nicht im Verborgenen, auch steht zwischen Ausbeutenden und Ausgebeuteten nur die Agentur, es handelt sich also um ein relativ unmittelbares und unvermitteltes Verhältnis. Wie aber ist die nicht-kommerzielle, oft altruistisch genannte Leihmutterschaft zu bewerten? Bisweilen liegen diesem Arrangement über die Hilfsbereitschaft hinaus weitere Motive im persönlichen Bereich der Leihmutter zugrunde, die den Wunscheltern vielleicht nicht offen kommuniziert

---

[68] Vgl. Großmaß (2020): 269: Dann läuft eine entsprechende Auseinandersetzung mit dem eigenen unerfüllten Kinderwunsch auf „Trauerarbeit" hinaus. Der oft von außen an ungewollt Kinderlose herangetragene Lösungsvorschlag der Adoption ist für viele Betroffene schlicht keine Alternative zum eigenen Kind (ganz abgesehen davon, dass die Zahl der zur Adoption stehenden Kinder seit Jahrzehnten rückläufig ist).
Vgl. König, (2020): 247 f. Vgl. auch aus psychologischer Sicht Zeller-Steinbrich (2006).

[69] Flügge (2018): 239–249. Vgl. Beier (2020): 157. Vgl. Hillgruber (2020): 12–20.

[70] Zwolinski, Ferguson, Wertheimer (2022): wenden ein, dass ein Verbot von ausbeuterischen Verhältnissen aus höheren Zielen den Ausgebeuteten nichts bringt, weil es an ihrer Gesamtsituation nichts ändert, im Gegenteil; so ginge es der Leihmutter ohne das Angebot der Leihmutterschaft noch schlechter, als wenn sie in das Geschäft einwillige: „Preventing exploitative transactions *by itself* does nothing to alleviate this vulnerability. Indeed, by depriving vulnerable parties of one possibility for *improving* their situation by engaging in a mutually beneficial transaction, such interference might actually exacerbate it".

werden oder der Leihmutter selbst gar nicht bewusst sind. Liegt eine im Nahbereich der eigenen sozialen Beziehungen stattfindende Hilfeleistung vor, handelt es sich durchaus um eine ethisch vertretbare Möglichkeit, einem kinderlosen Paar zum ersehnten Kind zu verhelfen; die Chance eines zuwendenden Kontakts zwischen Leihmutter und Kind bei einer nicht-kommerziellen Hilfeleistung ist größer, wenn sie nicht von vornherein unter den Bedingungen eines Geschäfts und mit der expliziten Zielvorgabe der Auslöschung der austragenden Frau aus dem Gedächtnis und der Identität des Kindes zustande kommt. Es ist gut möglich, dass die inneren und äußeren Konflikte bei Mutter und Kind zumindest abgemildert werden können, wenn sich die Beteiligten der bleibenden Herausforderung einer „fragmentierten Familienkonstellation[]"[71] bewusst sind und sich ihr durch eine (wie auch immer geartete) Integration der Leihmutter in die soziale Familie stellen; dieses dann triadische Beziehungsmodell wird seit einiger Zeit als ethisch vertretbare Variante diskutiert.[72] Allerdings bestehen zwischen Verwandten und Freunden, die sich nahe stehen bzw. zwischen den Beteiligten einer Triade häufiger „schwierige Dynamiken, Pflichtgefühle[] und gegenseitige[] Erwartungen"[73], die bei einem kommerziellen oder rein professionellen Arrangement zwischen Fremden nicht zu erwarten sind. Es handelt sich jedenfalls um ein Modell unter idealisierten Bedingungen, das nicht staatlich institutionalisiert werden sollte.

---

[71] Bernard (2015): 21; 86 zitierte „Wechselwirkung zwischen dem ‚willkürlichen Charakter' der Paarverbindungen einerseits und der ‚Unabwendbarkeit der biologischen Vererbung' von den Eltern auf die gemeinsam erzeugten Nachkommen andererseits. In den letzten dreißig Jahren haben die Technologien der Reproduktion diese Verwandtschafts- und Familienordnung verändert [...]. [Das Gesetz der natürlichen Fortpflanzung, demzufolge] man Eltern haben muss, [und] man ihnen ähnlich sein wird'", gilt nicht mehr ohne weiteres. Vgl. Lévi-Strauss (1981): 79.

[72] Bleisch (2021): 5–25.: Diese Variante wird im Ansatz der „Leihmutterschaft als triadische Beziehung" diskutiert. Vgl. auch Bleisch, Büchler (2021): 250 f. Beier weist darauf hin, dass diese Triade „soziologisch gesehen" immer und „unweigerlich", also auch ohne bewusste Übereinkunft entsteht: Beier (2020): 157. Bleisch argumentiert bereits 2012, dass es Leihmutterschaft im Interesse aller Beteiligten als persönliche Beziehung auch und insbesondere zwischen Leihmutter und Kind verstanden und gestaltet werden muss. Sie räumt ein, dass die triadische Beziehung zwischen Leihmutter, Kind und Wuncheltern „emotional ambitioniert" ist und für alle Beteiligten eine enorme psychische, soziale und moralische Herausforderung darstellt (Bleisch, 2012: 24).

[73] Bleisch, Büchler (2021): 239. Vielleicht können die Normalisierungspotentiale bei Kindern, die mithilfe von Samenspende entstanden sind, auch auf Kinder aus Leihmutterschaften übertragbar sein.
Vgl. Brügge, (2020): 325.

7 Die Freiheit der Leihmütter

Wie ist das Leihmutterschaftsarrangement nun unter dem Aspekt der Freiheit zu bewerten? Insbesondere in der kommerziellen Variante der Leihmutterschaft in armen bzw. Schwellenländern scheint bei der Leihmutter grundsätzlich ein Mangel an Freiheit vorzuliegen: es liegt nahe, dass die Leihmutterschaft als Ausbeutungsverhältnis soziale und wirtschaftliche (sowohl Handlungs- als auch Willens-)*un*freiheit der Leihmutter zementiert und dass sie sich letztlich aus Zwang und eben *nicht wirklich freiwillig* zur Verfügung stellt, auch wenn sie nicht ‚mit der Pistole an der Schläfe' zur Unterzeichnung des Vertrags gezwungen wird. Häufig wird jedoch mit dem Verweis auf einen übermäßigen Paternalismus eingewendet, dass auch die ukrainische Leihmutter nicht gegen ihren Willen zu diesem Geschäft genötigt werde und dass ein Verbot der kommerziellen Leihmutterschaft dem Prinzip der Autonomie der Frauen widerspreche, welches die Freiheit der Entscheidung auch in dieser Konstellation schützt. Und gehört es nicht wesentlich zum Verständnis von Freiheit, dass man mit seinem Körper und mit seinem Leben machen kann, was man will? Hier kann die Antwort nur lauten, dass jede Frau sich frei dazu entscheiden können soll, mit ihrem Körper zu machen, was sie möchte (solange sie nicht anderen schadet), auch unter Inkaufnahme von Risiken für die eigene physische und psychische Gesundheit. Wenn wir sie ernstnehmen wollen, darf und soll sie diese Risiken als Konsequenz ihrer Freiheit wie jeder andere Mensch selbst abschätzen und tragen. Entscheidend ist die freie Zustimmung im Vorfeld. Trotz widriger Bedingungen müssen wir von einer solchen freien Entscheidung sprechen, solange die Frau zurechnungsfähig ist und nicht tatsächlich an Leib und Leben bedroht wird. Die wirtschaftlichen und psychosozialen Zwänge wirken ohne Zweifel „freiheitsmindernd", insofern sie den betroffenen Frauen erheblich zusetzen.[74] Die Leihmutterschaft in der kommerziellen Variante etwa in der Ukraine ist daher ein Grenzfall einer freien Entscheidung, auch wenn es sich juristisch gesehen (je nach Gesetzeslage des Herkunftsstaates) um eine solche handelt.

Was aber, wenn die Wunscheltern ein altruistisches oder gar ein triadisches Arrangement wählen? Würde sich in dieser Konstellation die Wahrscheinlichkeit einer wahrhaft freien Entscheidung der Leihmutter erhöhen oder ist eher zu vermuten, dass es sich grundsätzlich auch hier um eine (nur scheinbar)

---

[74] Vgl. Nussbaum (1999): 964: „Sie mögen die inneren Bedingungen zur Autonomie erfüllen, sie können Geschäfte machen, sich überlegen, was am besten zu tun wäre usf. Aber all das zählt nicht viel, wenn der Überlebenskampf ihnen nur eine einzige unerfreuliche Möglichkeit oder eine kleine Auswahl (gleich unerfreulicher) Möglichkeiten lässt".
Vgl. auch Bleisch, Büchler (2021): 234–238, 245 f.

freie Entscheidung unter widrigen Bedingungen handelt? Selbst für die altruistisch motivierte, wirtschaftlich freie Leihmutter in Kaliforniern bleibt bei aller Informiertheit und Bewusstheit der Entscheidung das Risiko, dass sie ihre personale Integrität aufs Spiel setzt, denn die Leihmutterschaft ist eine „die gesamte Person umfassende Verpflichtung"[75], die eine Abstraktion der Schwangerschaft von der schwangeren Frau suggeriert (aber eben *nur* suggeriert). Zwar wird die Leihmutterschaft von Befürworterinnen häufig als vergleichbar mit anderen körperlichen Arbeiten beschrieben, tatsächlich ist es aber aufgrund der „psychischen Selbstbindung"[76] der Mutter zum Kind fraglich, ob sie mit anderen körperlichen Dienstleistungen gleichgesetzt werden kann.

In der Ukraine werden es hauptsächlich wirtschaftliche Zwänge, in Kalifornien bisweilen unklare emotionale Motive sein, aufgrund derer Frauen ihre eigene Freiheit selbst durch eine (paradoxerweise) freie Entscheidung gefährden. Und schließlich, das ist wichtig anzumerken, wird es gewiss überall Leihmütter geben, die ganz ohne innere oder äußere Zwänge und mit der Fähigkeit, sich für eine begrenzte Zeit auf eine Schwangerschaft bzw. ein Kind einzulassen, dieses für ein anderes Paar austragen und es dann in einem Zustand inneren Friedens weggeben können. Ob dies der Regelfall ist, bleibt zwar zu bezweifeln, aber grundsätzlich gilt auch hier, dass jede Frau das Recht hat, ein Risiko für ihre psychische Gesundheit einzugehen. Nur sollte sie im Vorfeld angemessen über dieses Risiko aufgeklärt werden, damit sie gut informiert und nach reiflicher Überlegung zustimmen kann.

Die Freiheit der Wunscheltern steht in der Regel unter der Bedingung eines hohen emotionalen Leidensdrucks. Sie können dennoch frei entscheiden, keine zwielichtigen Vertragsverhältnisse in den einschlägigen Ländern einzugehen, bei denen sie nicht ausschließen können, dass die Leihmütter ausgenutzt werden. Eine entsprechende gesetzliche Neuregelung im Herkunftsland der Wunscheltern (eine Legalisierung altruistischer Leihmutterschaft unter strengen Bedingungen, vielleicht auch eine staatliche Vermittlung) würde dieses Ausbeutungsrisiko jedenfalls deutlich verringern. Um noch einmal die Parallele zur Prostitution zu ziehen: so wie dort gilt, dass zuallererst einmal die Kunden Verantwortung übernehmen müssten, sind auch hier die Wunscheltern gefragt. Sie sollten nach Abwägung aller Gesichtspunkte nur ein solches Leihmutterschaftsverhältnis eingehen, von dem sie annehmen können, dass es höchstwahrscheinlich von der Leihmutter wirklich frei gewählt werden könnte. Dieses Verhältnis müsste möglichst all

---

[75] Flügge (2018): 245 f.
[76] Kuhlmann (1998): 924.

jene Bedingungen ausschließen, die einer Form von Zwang nahekommen; konsequenterweise verbietet sich dann etwa die Anbahnung einer Leihmutterschaft in der Ukraine durch die üblichen Agenturen unter den derzeit dort herrschenden Bedingungen. Die Wunscheltern sollten die Leihmutter als Person mit einer „eigene[n] ‚evaluative[n]' Perspektive"[77] achten, die nicht ausschließlich *ihren* Interessen (also der Wunscheltern) dient, sondern mit ihren eigenen Interessen und in ihrer Freiheit zu respektieren ist. Der Staat hat die entsprechenden Rahmenbedingungen in Form von Regelungen zu schaffen, die eine wirtschaftliche und psychische Ausbeutung von Frauen möglichst unterbinden und eine gute medizinische Betreuung zugänglich machen. In allererster Linie sollten alle Beteiligten von neutraler Seite über die möglichen psychosozialen Risiken aufgeklärt werden, damit eine informierte Einwilligung, sprich eine wirklich freie Willensentscheidung möglich wird. Die weitergehende Sorge für die eigene psychische Gesundheit tragen die Beteiligten selbst. Entscheidungen zu treffen, die sich im Nachhinein als falsch erweisen, ist eine alltägliche Erfahrung; ethisch geboten kann nur sein, sich im Vorfeld eingehend zu informieren und eine Entscheidung zu treffen, die den Freiheitsspielraum aller Beteiligten so groß wie nur möglich belässt; dies impliziert die Forderung an die Wunscheltern, nicht nur ihre eigene Freiheit, sondern auch die der Leihmutter zu beachten.

Literatur

Anderson, Elizabeth (1990): Is Women's Labor a Commodity? In: Philosophy and Public Affairs, Winter 1990. S. 71–92.
Baumann, Peter: Über Zwang (2000): In: Betzler, Monika und Guckes, Barbara (Hg.), Autonomes Handeln. Beiträge zur Philosophie von Harry G. Frankfurt, Berlin S. 71–83.
Baylis, Françoise; McLeod, Carolyn (2014): family-making – contemporary ethical challenges. Oxford.
Beier, Katharina (2020): Familiengründung durch Leihmutterschaft – eine ethische Analyse, In: Beier et al. (Hrsg.): Assistierte Reproduktion mit Hilfe Dritter. Berlin. S. 155–169.
Bernard, Andreas (2015): Kinder machen. Samenspender, Leihmütter, Künstliche Befruchtung. Neue Reproduktionstechnologien und die Ordnung der Familie. Frankfurt.
Betzler, Monika und Guckes, Barbara (2000). Autonomes Handeln. Beiträge zur Philosophie von Harry G. Frankfurt, Berlin.
Birnbacher, Dieter (2006): Natürlichkeit (Grundthemen Philosophie). Berlin.
Bleisch, Barbara; Büchler, Andrea (2021): Kinder wollen. Über Autonomie und Verantwortung. Bonn.
Bleisch, Barbara (2012): Leihmutterschaft als persönliche Beziehung. In: Jahrbuch für Wissenschaft und Ethik Nr.17. S. 5–27.

---

[77] Vgl. ebd.: 925.

Brügge, Claudia (2020): Normalisierung und Coping von Familien nach Samenspende, In: Beier et al. 2020. S. 309–327.
Deutscher Bundestag (2018): Leihmutterschaft im europäischen und internationalen Vergleich. Rechtliche Regelungen und empirische Erkenntnisse zu den Auswirkungen einer gespaltenen Elternschaft auf das Kindeswohl. FB 9: Gesundheit, Familie, Senioren, Frauen und Jugend, Aktenzeichen WD 9-3000-039/18.
Esser, Alexandra (2021): Ist das Verbot der Leihmutterschaft in Deutschland noch zeitgemäß? Eine rechtsphilosophische Analyse. Baden-Baden.
Flügge, Sibylla (2018): Leihmutterschaft ist kein Menschenrecht. In: Autonomie und Recht – geschlechtertheoretisch vermessen. S. 239–249.
Golombok, Susan et. al (2016): "Families created through surrogacy: Mother-child relationships and children's psychological adjustment at age 7. In: Development Psychology No. 47. S. 1579–1588.
Hillgruber, Christian (2020): Gibt es ein Recht auf ein Kind?. In: Juristenzeitung Nr.75. S. 12–20.
Horn, Christoph (1996): Augustinus und die Entstehung des philosophischen Willensbegriffs, in: Zeitschrift für philosophische Forschung. Bd. 50, Heft ½. S. 113–132.
Jadva et al. (2003): Surrogacy: the experiences of surrogate mothers. In: Human Reproduction 18 (10). S. 2196–2204.
Karandikar, Sharvari et al. (2014): Economic Necessity or Noble Cause? A Qualitative Study Exploring Motivations for Gestational Surrogacy in Gujarat, India. In: Journal of Women and Social Work 29 (2). S. 224–236.
Keil, Geert (2009): Willensfreiheit und Determinismus. Stuttgart. S. 113–116.
König, Anika (2020): Die Erfahrungen schweizerischer Wunscheltern mit Leihmutterschaft in den USA, In: Beier et al. S. 243–255.
Kuhlmann, Andreas (1998): Reproduktive Autonomie? Zur Denaturierung der menschlichen Fortpflanzung. In: DZPhil Nr. 46. S. 917–933.
Lamba, Nishta; Jadva, Vasanti (2018): Indian Surrogates: Their Psychological Well- Being and Experiences. In: Mitra, Sayani et al. (Hrsg.): Cross-Cultural Comparisons on Surrogacy and Egg Donation. Interdisciplinary Perspectives from India, Germany and Israel. Palgrave Macmillan Cham/CH. S. 181–201.
Lehmann et al. (2018): Leihmutterschaft im europäischen und internationalen Vergleich. Rechtliche Regelungen und empirische Erkenntnisse zu den Auswirkungen einer gespaltenen Elternschaft auf das Kindeswohl. Deutscher Bundestag, Wissenschaftliche Dienste, Fachbereich 9: Gesundheit, Familie, Senioren, Frauen und Jugend, Aktenzeichen WD 9-3000-039/18, 2018.
Lévi-Strauss, Claude (1949/1967/1981): Die elementaren Strukturen der Verwandtschaft. Frankfurt a.M.
Marckmann, Georg (2022): Praxishandbuch Ethik in der Medizin. Berlin.
Mitscherlich-Schönherr (2021): Das Gelingen der natürlichen Künstlichkeit. Mensch-Sein an den Grenzen des Lebens mit disruptiven Biotechnologien. Berlin.
Nussbaum, Martha (1999): „Mit Gründen oder aus Vorurteil" – Käufliche Körper. In: DZPhil, Nr.47, Heft 6. S. 937–966.
Oelsner, Wolfgang; Lehmkuhl, Gerd (2022): Familienplanung 2.0. Identität in Zeiten sich auflösender biologischer Verwandtschaftsbeziehungen. Göttingen.

Pande, Amrita (2010): Commercial Surrogacy in India. Manufacturing a perfect motherworker. In: Signs 35 (4). S. 969–992.
Parker, Philip (1983): Motivation of Surrogate Mothers: Initial Findings. In: Am J Psychiatry 140. S. 117 f.
Quante, Michael (2020): Philosophische Handlungstheorie. Paderborn.
Reiter, Johannes (2004): Menschenwürde als Maßstab. In: Aus Politik und Zeitgeschichte, Nr.23/24.
Schramm, Edward; Wermke, Michael (2018): Leihmutterschaft und Familie. Impulse aus Recht, Theologie und Medizin. Berlin.
Schrupp, Antje (2019): Schwangerwerdenkönnen. Essay über Körper, Geschlecht und Politik. Roßdorf. S. 139.
Simon, Alfred (2022): Patientenautonomie und informed consent, In Marckmann. S. 71–78.
van den Akker, Olga (2003): Genetic and gestational surrogate mother's' experiences of surrogacy. In: Journal of Reproductive and Infant Psycholgoy. 21 (2). S. 145–161.
van der Heiden, Schneider (2008): Hat der Mensch einen freien Willen? Die Antworten der großen Philosophen. Stuttgart.
Velleman, David (2005): Family History. In: Philosophical Papers 34, No.3. S. 357–378.
Wapler, Friedericke (2018): Reproduktive Autonomie und ihre Grenzen. Leihmutterschaft aus verfassungsrechtlicher Perspektive. In: Schramm, Edward; Wermke, Michael: Leihmutterschaft und Familie. Impulse aus Recht, Theologie und Medizin. Berlin. S. 107–147.
Wertheimer, Alan (1998): Exploitation. Princeton.
Zeller-Steinbrich, Gisela (2006): Wenn Paare ohne Kinder bleiben. Kinderwunsch zwischen Reproduktionsmedizin und psychosozialem Verständnis. Frankfurt a. M.

Gesetzentwürfe

BT-Drs.11/5460, Entwurf zum Embryonenschutzgesetz (11. Wahlperiode)
BT-Drs. 11/4154, Entwurf eines Gesetzes zur Änderung des Adoptionsvermittlungsgesetzes (11. Wahlperiode)
BT-Drs. 13/4899, Entwurf zur Reform des Kindschaftsrechtsgesetzes (13. Wahlperiode)

Online-Ressourcen

Feskov Human Reproduction Group: https://leihmutterschaft-zentrum.de/ leihmutterschaft-kriterien.html [zuletzt abgerufen am 10.1.23]
Growing Generations: https://www.growinggenerations.com/surrogacy/for-parents/?_ga=2.185785961.1171350252.1674751877-1186721327.1674751874 [zuletzt abgerufen am 26.1.23]
Informationen des Bundesministeriums für Familie, Senioren, Frauen und Jugend zu Schwangerschaft und Kinderwunsch, Stand Januar 2022; https://www.bmfsfj.de/bmfsfj/themen/familie/schwangerschaft-und-kinderwunsch/ungewollte-kinderlosigkeit [zuletzt abgerufen am 26.1.23]

Siegl, Veronika: Leihmutterschaft in der Ukraine. Aufstieg – und Fall? – eines lukrativen internationalen Marktes, Artikel vom 23.1.19,: https://www.bpb.de/themen/europa/ukraine-analysen/284394/analyse-leihmutterschaft-in-der-ukraine-aufstieg-und-fall-eines-lukrativen-internationalen-marktes/ [zuletzt abgerufen am 17.1.23]

Statistisches Bundesamt: https://www.destatis.de/DE/Themen/Gesellschaft-Umwelt/Bevoelkerung/Geburten/_inhalt.html [zuletzt abgerufen am 26.1.23]

UNO-Bericht zur weltweiten Bevölkerungsentwicklung: https://data.un.org/ Data.aspx?d=PopDiv&f=variableID%3A54 [zuletzt abgerufen am 26.1.23]

zdf-Auslandsjournal vom 4.5.22, Bericht zu Leihmutterschaften in der Ukraine, abrufbar in der zdf-Mediathek: https://www.zdf.de/politik/auslandsjournal/ vergessen-im-krieg-100.html, [zuletzt abgerufen am 10.1.23]

Witt, Charlotte (2014): A Critique of the Bionormative Concept of the Family, In: Baylis. S. 49–64.

Zwolinski, Matt, Benjamin Ferguson, and Alan Wertheimer, Art. „Exploitation", *The Stanford Encyclopedia of Philosophy* (Winter 2022 Edition), Edward N. Zalta & Uri Nodelman (eds.), <https://plato.stanford.edu/archives/win2022/entries/exploitation/>. The Stanford Encyklopedia of Philosophy, Art. Exploitation. [zuletzt abgerufen am 26.9.23]

Soziologische Aspekte der Leihmutterschaft – ein erstes Prolegomenon

Johannes Kopp und Lea Schwan

Zusammenfassung

Die Komplexität und Vielschichtigkeit der Thematik der Leihmutterschaft ist es, welche auch die Soziologie als Gesellschaftswissenschaft vor einige Probleme der Interpretation und Einordnung dieses Phänomens stellt. Empirische Studien über die Anzahl der tatsächlichen Vorgänge, die soziale Zusammensetzung oder die Konsequenzen von Leihmutterschaft für Familienbilder und Rollenvorstellungen sind kaum zu finden. Im Rahmen dieses Beitrags wird nun der Versuch unternommen eine Antwort auf die Frage zu finden, warum ein vermeintlich gesellschaftlich relevantes Thema in der breiten empirischen Sozialforschung bisher kaum aufgearbeitet wurde. In einem ersten Schritt wird geklärt, was unter Leihmutterschaft im soziologischen Sinne verstanden werden kann. Hier wird unter anderem auf die unterschiedlichen Arten der Leihmutterschaft eingegangen, um einen definitorischen Rahmen für die im zweiten Schritt folgenden Inzidenzen, Zahlen und demographische Grundprozesse zu schaffen. Den darin beleuchteten Daten und Trends werden in einem dritten Schritt die Potenziale von Leihmutterschaft gegenübergestellt. Darauf folgen zum Schluss die Anschlussmöglichkeiten und die generelle Bedeutung der Diskussion für die allgemeine (Familien-)Soziologie, welche neben der Pluralisierung der Lebens- und Familienformen auch Fragen zu Dimensionen der Elternschaft und sozialer Ungleichheit aufwerfen.

J. Kopp (✉) · L. Schwan
Universität Trier, Trier, Deutschland
E-Mail: kopp@uni-trier.de

L. Schwan
E-Mail: schwan@uni-trier.de

1 Einleitung

Der Gegenstand der Soziologie ist die Gesellschaft in all ihren Facetten und Ausprägungen. Insofern wäre es eigentlich nicht weiter begründungspflichtig, dass sich auch die Soziologie mit dem in den letzten Jahren immer wieder diskutierten Thema der Leihmutterschaft auseinandersetzt. Schließlich finden sich die entsprechenden Diskussionen und Meldungen häufig in den Medien[1] und die Thematik hat es – allerdings in einer spezifischen Unterform, der sogenannten altruistischen Leihmutterschaft, und nur als lose Absichtserklärung in Form einer Prüfung – immerhin in die Vereinbarung der sogenannten Ampelkoalition auf Bundesebene gebracht.[2]

Sucht man nun aber nach entsprechenden empirischen Studien über die Zahl eben dieser Vorgänge oder gar über die soziale Zusammensetzung oder über die Konsequenzen der Leihmutterschaft für Familienbilder oder Rollenvorstellungen, über sozialstrukturelle Unterschiede oder Gemeinsamkeiten der Motive der daran beteiligten Personen, über die sozialen Konsequenzen beispielsweise für die Bindung von Kindern und Eltern oder gar für die allgemeinen Vorstellungen über Familie, wird man dabei weder in der Bundesrepublik noch in der internationalen Forschung wirklich fündig. Diese Einschätzung des Forschungsstandes gilt vor allem dann, wenn man beide Seiten der Leihmutterschaft und dabei vor allem auch die häufig thematisierten internationalen Verflechtungen bedenkt. Für viele Diskussionen wäre eine Aufschlüsselung allein nach der Nationalität der das Kind gebärenden Frau beziehungsweise hinsichtlich der geplanten Eltern sehr hilfreich.

Hinsichtlich der rechtlichen, der ethischen, der historischen und psychologischen, vor allem aber der medizinischen Einschätzung ist die Forschungssituation hingegen – zumindest vermeintlich aus der Sicht der Soziologie – besser.[3]

Warum ist das so? Und lassen sich vielleicht aus dem Zusammenspiel der Ergebnisse der breiten empirischen soziologischen Forschungen im Bereich der Familie und der bisherigen Studien zur Leihmutterschaft wenigstens proximale Antworten auf die angerissenen und auf weitere Fragen im Rahmen dieses neuen sozialen Themengebiets finden? Dies zu untersuchen, ist die Aufgabe des vorliegenden Beitrags, der insofern nur als ein allererster Schritt bei der soziologischen Behandlung der Thematik ‚Leihmutterschaft' verstanden werden darf.

---

[1] Konigorski (2013); Horban und Väth (2020).
[2] Koalitionsvertrag (2021).
[3] Vgl. Ciccarelli und Beckman (2005); Patzel-Mattern et al. (2017); Schramm und Wermke (2018); Biggel et al. (2021).

Um sich der Fragestellung anzunähern, soll zunächst in einem ersten Schritt geklärt werden, was eigentlich unter Leihmutterschaft zu verstehen ist. Man kann mit Recht Zweifel daran haben, dass die Arbeit an einer Begriffsbestimmung ein wirkliches Erkenntnispotential besitzt und muss dabei nicht so weit gehen wie David Hume,[4] der nicht-empirische Arbeiten in einer das Barbarische lockenden Art und Weise direkt vernichten wollte.[5] Trotz der sicherlich zu konstatierenden vielfältigen Schwächen rein definitorischer Arbeiten ist eine Begriffsbestimmung in wissenschaftlichen Arbeiten vor allem dazu sinnvoll, den interessierenden und fokussierten Bereich, über den man eigentlich redet oder reden will, abzustecken und dadurch Missverständnisse, die vielleicht nur durch eine unterschiedliche Begriffsverwendung entstehen, zu vermeiden. Dies gilt auch für die Deutung des Begriffs der ‚Leihmutterschaft', welcher – teilweise bedingt durch den Fortschritt der Medizintechnologie – einige Unschärfe offenbart, die inhaltlich eigentlich zu unterscheidende und auch begrifflich klar zu benennende und eben auch zu trennende Phänomene ab und an vermischt (Kap. 1).

Bereits einleitend wurde beklagt, dass kaum belastbare Daten zur Inzidenz und Prävalenz des Phänomens existieren – anekdotische Evidenz mit Verweisen auf reale oder vermeintliche Prominenz wie Elton John, Sarah Jessica Parker und Matthew Broderick, Kim Kardashian, Paris Hilton, aber selbst Belegquellen aus der Bibel sind kein Ersatz für empirische Studien.[6] Auch die hinsichtlich der Einordnung als Leihmutterschaft sicherlich diskutierbare Studie von Turp et al. (2017) liefert keine wirklichen Daten. Diese Problematik kann – man ist versucht zu sagen: natürlich – in diesem Beitrag nicht behoben werden. Trotzdem sollen einige grundlegenden demographischen Prozesse näher beleuchtet werden, die als – in dem eigentümlichen Jargon einzelner Zweige der Ökonomie – benchmark zur Abschätzung der Größenordnungen dienen können (Kap. 2).

Aufgrund dieser Vorarbeiten und Vorüberlegungen ist dann schließlich bei aller Unsicherheit möglich, zu einer Abschätzung der Potenziale für Leihmutterschaften zu kommen, denn nicht für alle Bevölkerungsgruppen erscheint die Idee einer Leihmutterschaft, die meistens mit einem sehr hohen emotionalen, psychologischen, verwaltungstechnischen und juristischen vor allem aber auch ökonomischen Aufwand einhergeht, gleich naheliegend zu sein. Letztlich sind es wohl nur wenige, sozialdemographisch aber klar differenzierbare und vor allem in ihrer Größenordnung auch abschätzbare Gruppen, die hier als Zielklientel

---

[4] Hume (2004/1748): 107.
[5] Vgl. in diesem Zusammenhang die Darstellung der Geschichte der Bücher bei Vallejo (2022).
[6] Patzel-Mattern et al. (2017): 88.

infrage kommen. Besonders zu nennen sind hier Paare, bei denen mindestens ein Partner nicht fortpflanzungsfähig ist, einerseits und homosexuelle Paare andererseits, wobei vermutlich ein Unterschied zwischen lesbischen und schwulen Paaren besteht. In diesem Zusammenhang sollen auch die vorliegenden empirischen Forschungsarbeiten über Motive und Folgen für Leihmütter, Kinder und soziale Eltern kurz zusammenfassend skizziert und auf ihre soziologische Relevanz hingehend geprüft werden (Kap. 3).

Insgesamt scheint vieles dafür zu sprechen, dass Leihmutterschaften eher ein kleineres und somit eher randständiges Phänomen in modernen Gesellschaften sind und wenn man die aufgeführten theoretischen Mechanismen ernst nimmt und weiterdenkt, wohl auch bleiben werden. Deshalb werden Leihmutterschaften auch in der Familienforschung keine zentrale Rolle einnehmen. Nichtsdestotrotz ergeben sich einige wichtige Anknüpfungspunkte für die familiensoziologische, aber auch für die allgemeine soziologische Diskussion aus den Beiträgen zur Leihmutterschaft, die in einem abschließenden Abschnitt angerissen, diskutiert und vor allem systematisiert werden sollen und aus denen vielleicht verständlich werden könnte, warum ein so relativ seltenes Phänomen doch relativ große öffentliche Aufmerksamkeit auf sich zieht (Abschn. 4).

2 Zur Definition von Leihmutterschaft

So häufig in der Zwischenzeit Diskussionen über Leihmutterschaft auch sein mögen, so gilt es doch in einem ersten Punkt zu klären, was genau eigentlich darunter zu verstehen ist. Geht man den heute vielleicht gängigsten ersten Schritt, um sich dieser Frage zu nähern, und konsultiert mit Wikipedia die mitunter bekannteste Enzyklopädie des Internets, so trifft man hier auf folgende Definition: „Eine Leihmutter (selten auch als Surrogatmutter bezeichnet) ist eine Mutter, die das von ihr ausgetragene Kind einer anderen Person oder Familie überlässt"[7]. Diese – natürlich nur vorläufige und im weiteren Verlauf des Eintrags spezifizierte – Definition würde dann aber auch die Frauen als Leihmütter ansehen, die ihr Kind nach der Geburt zur Adoption freigeben. Hier erscheint aber bei aller Problematik von Definitionsdiskussionen eine differenziertere Festlegung sinnvoll. Dabei ist es möglich und wohl auch empfehlenswert, sich auf die Dimensionalisierung unterschiedlicher Elternvorstellungen beziehungsweise einer Typologie unterschiedlicher Teildimensionen der Elternschaft zu beziehen,

---

[7] Wikipedia (2023).

die unter anderem von Laslo A. Vaskovics (2011) und Dieter Schwab (2011) vorgestellt und untersucht wurden und die übrigens in der Zwischenzeit auch in den Rechtswissenschaften diskutiert werden.[8]

In diesen Überlegungen werden vier unterschiedliche Dimensionen oder Aspekte der Elternschaft diskutiert: die genetische, die biologische, die soziale und die rechtliche Elternschaft. Historisch ist die Trennung der ersten beiden Konzepte – genetische und biologische Elternschaft – erst durch die Entwicklungen der Reproduktionsmedizin und der sogenannten in-vitro-Fertilisation (IVF) in den späten 1970er Jahren möglich geworden.[9] Diese Unterscheidung zwischen genetischer und biologischer Elternschaft ist jedoch nur für Frauen sinnvoll. Erstaunlicherweise wird diese Genderperspektive in diesem Bereich sehr häufig jedoch ausgeblendet: Für Männer sind genetische und biologische Elternschaft nicht sinnvoll zu unterscheiden und daher naturgegeben identisch, es sei denn, dass man den reinen Akt der Befruchtung einer Eizelle im Reagenzglas als biologische Elternschaft definiert und damit die entsprechende medizinisch-technische Assistenzkraft als biologischen Vater definiert.

Mit den jeweiligen Konzepten rücken auch unterschiedliche Lebensabschnitte und Phasen der Schwangerschaft und der Kindsentwicklung in den Fokus der Aufmerksamkeit, die sehr unterschiedliche Zeitspannen umfassen können. Die genetische Elternschaft definiert sich in aller Regel sogar nur durch den Moment der Zeugung, die biologische Mutterschaft definiert sich durch die Schwangerschaft und wird deshalb auch als „gestationale Mutterschaft"[10] bezeichnet. Die soziale Elternschaft schließlich bezieht sich auf die Zeit nach der Geburt und die Phase des Aufwachsens des Kindes, wobei hier natürlich sehr unterschiedliche Zeiträume und teilweise komplexe Konstellationen – beispielsweise nach Trennung, Scheidung oder Tod eines Partners und neuer Verpartnerung – und damit verbunden auch stark differierende Zeiträume vorstellbar und empirisch auch zu finden waren und sind. Die Beziehung beispielsweise zu neuen Partnern der getrennten leiblichen Eltern und damit eben dieser Teil der sozialen Elternschaft zu den entsprechenden Stiefeltern ist in den frühen Phasen der Kindheit wesentlich bedeutsamer – nahezu unabhängig von den betrachteten konkreten Entwicklungsprozessen – als etwa in Phasen des jungen Erwachsenendaseins oder noch späteren biographischen Phasen. Bindungsverhalten, die Entwicklung kognitiver Fähigkeiten, die psycho-emotionale Entwicklung und viele andere individuelle Entwicklungsprozesse sind einfach zeit- und lebensalterabhängig und die

---

[8] Vgl. u. a. bei Biggel et al. (2021).
[9] Vgl. Vaskovics (2011); Kuhnt und Passet-Wittig (2022).
[10] Biggel et al. (2021): 770.

Zusammensetzung der sozialen Umgebungen ist dann entsprechend unterschiedlich bedeutsam. Letztlich ist also das Konstrukt der sozialen Elternschaft also wenig eindeutig und es können in verschiedenen Altersphasen des Kindes unterschiedliche soziale Elternschaften bestehen und selbstverständlich können auch synchron verschiedene soziale Elternschaften bestehen.

Ein weiteres und zumindest prinzipiell davon unabhängiges Konstrukt stellen rechtliche Elternschaftskonzepte dar, die letztlich nahezu vollständig volatil definiert werden können. Zu bedenken ist dabei auch, dass Väter und Mütter sehr unterschiedliche Rechte besitzen können und beispielsweise nach dem Tod des jeweiligen anderen Elternteils auch sehr unterschiedlich behandelt wurden und wohl auch noch werden (beispielsweise historisch für die Schweiz, in der wohl selbst durch Verwitwung entstehende alleinerziehende Mütter nicht anerkannt wurden).[11]

Mithilfe dieser hier skizzierten verschiedenen Aspekte oder Dimensionen lassen sich Leihmutterschaften relativ klar fassen, wobei zuerst einmal die weibliche Seite betrachtet werden soll. Bei einer matrilateralen Leihmutterschaft stimmen – so die hier vorgeschlagene Definition – die genetische und die soziale Elternschaft – beginnend relativ kurz nach der Geburt des Kindes – überein. Diese unterscheiden sich jedoch von der biologischen Elternrolle. Man spricht hier auch von Xenogravidität. Dies kann nur durch eine In-vitro-Fertilisation und eine Übertragung der befruchteten Eizelle geschehen, wobei für uns rechtliche Aspekte im Moment keine Rolle spielen.[12] Stimmen dagegen genetische und biologische Mutterschaft überein, unterscheiden sich aber von vornherein von der sozialen Elternschaft, haben wir es im Prinzip mit einer geplanten Adoption zu tun, die man begrifflich getrennt halten und nicht mit den anderen hier skizzierten Fällen vermengen sollte. Schließlich ist es noch denkbar, dass sich alle drei Konzepte – genetische, biologische und soziale Elternschaft – unterscheiden. Dieser Fall einer fremden Eizellenspende, bei der das später geborene Kind von einer dritten Frau erzogen wird, erscheint aber empirisch ausgesprochen selten zu sein.

Berücksichtigen wir nun die Tatsache, dass im Rahmen der Fortpflanzung wohl eindeutig zwei Geschlechter beteiligt sind – oder wie Pearl Bailey schon in den 1950er Jahren gesungen hat: ‚It takes two to tango'. Von einer Leihmutterschaft kann man dann eventuell auch sprechen, wenn der genetische beziehungsweise biologische Vater hinterher auch zumeist der soziale Vater ist. Dabei erscheint es im Rahmen der öffentlichen Diskussion nur dann sinnvoll, von

---

[11] Vgl. Baumgarten et al. (2017).
[12] Vgl. Leopoldina (2019); Biggel et al. (2021).

einer Leihmutterschaft zu sprechen, wenn die Beziehung zwischen dem Vater und der biologischen Mutter einzig und allein dem Zweck der Kindszeugung diente und dies eventuell auch nicht auf dem klassischen Weg, sondern im Rahmen einer In-vitro-Fertilisation geschehen ist. Kinder aus Parallelbeziehungen eines Mannes sollten nicht als das Ergebnis einer Leihmutterschaft aufgefasst werden, selbst wenn die soziale Elternschaft hier schließlich von der Partnerin des Vaters übernommen werden sollte. Eine gewisse absichtsvolle, vorherige Planung ist sicher ein wichtiger Bestandteil von patrilateraler Leihmutterschaft in dieser Konstellation. In diesem Sinne kann dann die Leihmutterschaft vielleicht sogar im Alten Testament anhand der Geschichte von Abraham, seiner Frau Sarah und deren Magd Hagar beobachten.[13] Im weiteren Verlauf der biblischen Geschichte kann man jedoch bereits das Konfliktpotenzial derartiger Konstellationen beobachten, wenn die Beziehung zwischen Sarah und Hagar im weiteren Verlauf der Geschichte geschildert wird.[14] Abgesehen von ja auch in der Bibel eher dynastischen Überlegungen – in diesen Bereich sind auch die Befunde von Turp et al. (2017) über Eheverträge auf 4000 Jahre alten assyrischen Tontafeln zu verstehen – erscheinen derartige Fälle heute jedoch ausgesprochen selten zu sein und können daher wohl in den weiteren Überlegungen auch eher vernachlässigt werden.

Ein klarer Fall von Leihmutterschaft scheint zudem zu bestehen, wenn die beiden Perspektiven – matrilaterale und patrilaterale Leihmutterschaft – gemeinsam auftreten. Wird also in-vitro die Eizelle einer Frau mit dem Sperma ihres Partners oder Mannes befruchtet und diese befruchtete Eizelle dann einer weiteren Frau eingesetzt, scheinen die definitorischen Voraussetzungen einer Leihmutterschaft erfüllt.

Nach den bisherigen Überlegungen können wir also genetisch matrilaterale Leihmutterschaften, genetisch patrilaterale Leihmutterschaften, deren Kombination einerseits und andererseits geplanten Adoptionen, bei denen keinerlei genetische Verwandtschaft zwischen einem oder beiden späteren sozialen Elternteilen und dem Kind bestehen, unterscheiden.

Nachdem nun geklärt ist, über was wir sprechen, lautet die nächste Frage, wie häufig Leihmutterschaften eigentlich sind und wie sich die Inzidenz dieser Ereignisse entwickelt und verändert hat. Bei diesen Überlegungen soll – in Anbetracht der sehr unterschiedlichen rechtlichen Lage – immer eine internationale Perspektive eingenommen werden.

---

[13] 1. Buch Moses, Kap. 16, 1–2; Patzel-Mattern et al. (2017): 88; vgl. Ciccarelli/Beckman (2005).

[14] 1. Buch Moses, Kap. 16, 5 ff.

3 Inzidenzen, Zahlen und demographische Grundprozesse

Die Erfassung demographischer Grundprozesse, neben Mortalität und Migration ist dies vor allem die Fertilität, gehört schon seit langem zu den wichtigsten Aufgaben amtlicher oder öffentlicher Statistik. Aus diesem Grunde erscheint es ein verständlicher erster Schritt auch zur Abschätzung des Phänomens ‚Leihmutterschaft', einen Blick in die entsprechenden Quellen und Veröffentlichungen zu werfen.

Die Erhebung der demographischen Grundprozesse und der Bevölkerungszahlen – früher meist zur Schätzung des Steueraufkommens oder der Entwicklung der militärischen Stärke – in regelmäßigen Volkszählungen beruht heute auf internationalen Vereinbarungen, ist in ihren Frühformen jedoch bis heute in der Weihnachtsgeschichte, die selbst ja eventuell ebenfalls als Leihmutterschaft verstanden werden kann, nachzulesen. Die amtliche Statistik ist eine der ältesten Institutionen von Staaten und lässt sich in Deutschland bis ins frühe 19. Jahrhundert zurückverfolgen. Selbstverständlich lässt sich auf dieser Grundlage auch gut die Geburtenentwicklung beschreiben. Von besonderem Interesse sind dabei vor allem längerfristige Veränderungen und Entwicklungen. Häufig werden dazu Maßzahlen verwendet, die die Zahl der Geburten zumindest für die Bevölkerungsgröße adjustieren wie die sogenannte ‚crude birth rate'.[15]

Mit diesem Indikator lassen sich zwar historisch lange Entwicklungslinien skizzieren, die jedoch häufig durch historische Ereignisse – wie beispielsweise die Veränderungen in der DDR und Ostdeutschland am Ende der 1980er und in den 1990er Jahren[16] – beeinflusst werden. Betrachtet man diese langen Trends, so ist zuerst ein relativ konstantes und hohes Geburtenniveau im gesamten 19. Jahrhundert festzustellen. Schon gegen Ende des 19. Jahrhunderts setzt jedoch ein nahezu kontinuierlicher Geburtenrückgang ein, der beispielsweise durch Luja Brentano durch die Konkurrenz der Genüsse erklärt wurde.[17] In diesen allgemeinen Bereich der geringen Geburtenzahlen fallen dann auch kurzfristige und relativ geringe Anstiege wie der sogenannte Baby-Boom in Deutschland in den späten 1950er und 1960er Jahren. Danach ist ein erneuter Rückgang und ab den 1970er Jahren eine relative Stagnation auf sehr niedrigem Niveau zu beobachten. Zwischen Ost- und Westdeutschland gibt es einige, allerdings gut erklärbare und historisch auch langsam verschwindende Unterschiede.

---

[15] Vgl. Kopp und Richter (2015); Bujard et al. (2022).
[16] Vgl. Kopp und Diefenbach (1994).
[17] Vgl. als Überblick Hill und Kopp (2013).

Gerade bei der Betrachtung kleinerer historischer Zeiträume sind neben den allgemeinen Veränderungen in der Fertilitätsneigung auch Veränderungen im Timing der Geburten bedeutsam. So sank im 20. Jahrhundert bis 1970 das Durchschnittsalter der Frau bei Geburt ihres ersten Kindes – bei Unterschieden zwischen Ost- und Westdeutschland – auf etwa 24 Jahre und steigt seitdem wieder kontinuierlich an und liegt im Jahr 2021 bei über 30. Auch um diese Unterschiede im Timing der Geburten und die dadurch bedingten Veränderungen und Schwankungen der Maßzahlen nicht als inhaltliche Veränderungen der Geburtenneigung zu interpretieren, wird häufig die sogenannte Kohortenfertilität betrachtet.[18] Hierbei wird deutlich, dass bereits die Geburtskohorten um 1900 im Schnitt weniger als die leicht mehr als zwei Kinder zur Welt brachten, die für die Reproduktion der Bevölkerungszahl erforderlich gewesen wäre. Dies hat sich auch bis auf die für den bereits erwähnten sogenannten Baby-Boom verantwortlichen Kohorten der in den 1930er Jahren geborenen Frauen nicht mehr verändert. Generell lassen sich eher sinkende Zahlen beobachten und die ab und an diskutierten Steigerungen sind in einer historischen Betrachtung wohl eher als ‚noise' denn als inhaltlich interpretierbare gesellschaftsrelevante Verhaltensänderungen einzuordnen.

Diese für Deutschland beschriebenen Entwicklungen lassen sich mutatis mutandis auch international beobachten, wobei gerade bei Einschätzung der Weltbevölkerungszahl und der damit verbundenen Problematiken die Trägheit demographischer Prozesse zu berücksichtigen ist. Veränderungen im Fertilitätsverhalten benötigen sehr lange, um sich auch in den Bevölkerungszahlen wiederzufinden. Bevölkerungspolitische Maßnahmen sollten deshalb mit großer Umsicht getroffen werden, wie nicht zuletzt die aktuellen Entwicklungen in China zeigen.

Aus vielfältigen anderen Studien ist in der Zwischenzeit bekannt, dass der beschriebene Geburtenrückgang demographisch vor allem durch einen Rückgang von Geburten höherer Parität zustande gekommen ist,[19] dass andererseits das Geburtenverhalten innerhalb von Beziehungen sich letztlich kaum geändert hat, sondern die beobachtbaren Veränderungen durch ein verändertes Beziehungsverhalten bedingt sind.[20] Beziehungen werden später eingegangen und sind weniger stabil, sodass weniger Paare das Alter erreichen, bei dem sie über eine Familiengründung beziehungsweise eine Familienerweiterung nachdenken und sich dazu

---

[18] Vgl. Kopp und Richter (2014): 381 ff.
[19] Vgl. Hill und Kopp (2013).
[20] Vgl. Klein (2003).

entschließen. Schließlich scheint auch die generelle Wahrscheinlichkeit, Kinder zu bekommen zu sinken.[21] Wir werden im Kap. 3 genauer darauf eingehen.

In all den unterschiedlichen Studien zur Fertilität spielt jedoch die Frage, auf welche Art und Weise eine Schwangerschaft zustande gekommen ist, so gut wie keine Rolle und die Frage der Leihmutterschaft spielt quantitativ eben einfach keine Rolle. Das ist zuallererst dadurch bedingt, dass In-vitro-Fertilisationen historisch doch ein relativ junges Phänomen sind. Die erste darauf begründete Geburt – Louise Joy Brown[22] – war im Jahr 1978. Auch wenn in der Zwischenzeit in der Bundesrepublik doch mehr als 20.000 Geburten mittels medizinisch assistierter Reproduktion (MAR) im Jahr erfolgen und sie damit immerhin wohl rund 2,8 % aller Geburten beispielsweise im Jahr 2019 ausmachen.[23] Während der Pandemie sind diese Zahlen – im Gegensatz zu den absoluten Geburtenzahlen – aus verständlichen Gründen übrigens deutlich auf gut 12.500 Geburten mit 14.600 Kindern zurückgegangen.[24] Absolut sind sie aber eben immer noch eine relativ kleine Minderheit. Versuche der IVF können aber zumindest für heterosexuelle Paare als benchmark fungieren, denn es ist davon auszugehen, dass derartige Versuche der MAR allein aufgrund der Komplexität von Prozessen der Leihmutterschaft immer den ersten, vorangeschalteten Schritt vor eventuellen Überlegungen beziehungsweise Handlungen in Richtung einer Leihmutterschaft bilden. Bedauerlicher- aber auch verständlicherweise finden sich kaum Studien, die in einer Lebensverlaufsperspektive die entsprechenden Vorstellungen und Wünsche, vor allem aber die Bemühungen und Versuche von Paaren oder auch Individuen dokumentieren.[25]

Alternativ beziehungsweise ergänzend zu Versuchen der MAR können Adoptionen angesehen werden. In Deutschland werden im Jahr jedoch weniger als 4000 Adoptionen durchgeführt, wobei bei rund zwei Dritteln dieser Fälle die Adoption durch die Partner eines Elternteils und damit durch Stiefmütter und wohl vor allem Stiefväter erfolgten und somit die rechtliche der gelebten Realität angepasst wurden. Adoption erfolgen also meist in Folge von Trennungen und Wiederverpartnerung und dienen der Herstellung des „klassischen" Familienmodells. Adoptionen zur Realisierung des Kinderwunsches sind also zumindest in der Bundesrepublik kaum zu finden. Diese sogenannten Fremdadoptionen waren

---

[21] Hill und Kopp (2013): 45.
[22] Vgl. Biggel et al. (2021): 772.
[23] Kuhnt und Passet-Wittig (2022): S. 3.
[24] Bartnitzky et al. (2022).
[25] Vgl. Köppen et al. (2021): für erste Ergebnisse aufgrund der pairfam-Studie.

und sind relativ selten, wobei die Zahl der Adoptionsbewerbungen die Zahl der potenziellen Kinder bei weitem übersteigt.

Bevor sich nun weiteren familiensoziologischen und -demographischen Betrachtungen zugewandt wird, soll vorab ein erster und recht unvollständiger Blick auf die Inzidenz und Verbreitung des Phänomene Leihmutterschaft geworfen werden. Auch wenn die öffentliche Diskussion – wie einleitend ja schon betont – dieser Thematik doch eine gewisse Aufmerksamkeit schenkt, sind die Zahlen oder gar ernsthafte empirische Studien ausgesprochen gering beziehungsweise selten. Wohl nicht zuletzt aufgrund der rechtlichen Situation sind offizielle Zahlen nicht erhältlich. Letztlich sind Leihmutterschaften in Deutschland nicht erlaubt und, wenn sie im Ausland geschehen, ist eine entsprechende Adoption durch die geplanten sozialen Eltern meist alles andere denn einfach, wobei hier offenkundig Unterschiede hinsichtlich des Heimatlandes der Leihmutter und der dortigen rechtlichen Handhabung besteht.

Trotzdem finden sich natürlich in der entsprechenden Literatur Vermutungen über die Verbreitung: Scholz spricht ausgehend von einem einzigen skizzierten Fall einer Leihmutterschaft bei einem homosexuellen Paar von einer „zunehmenden gesellschaftlichen Präsenz von neuen familialen Lebensformen",[26] bezieht sich dann jedoch eher generell auf unterschiedliche Lebensformen wie Regenbogenfamilien oder erweiterten Familien. Auch Falkenhain und Weinberg schlussfolgern ohne weitere Belege, dass „immer mehr deutsche Paare (…) sich über eine Leihmutter im Ausland ihren anders nicht realisierbaren Kinderwunsch"[27] erfüllen. Nicht weiter belegte Schätzungen gehen aber davon aus, dass die Zahl der Leihmutterschaft in Deutschland zu Beginn der 2010er Jahre zwischen 50 und 100 Fällen pro Jahr liegt.[28] Im Vergleich zu den circa 660.000 Geburten in der Bundesrepublik etwa für das Jahr 2011 ist das unbedeutsam. Die rein ökonomischen Kosten dieses Prozesses – neben eventuellen Entschädigungen für die Leihmütter sind hier vor allem die Kosten der medizinischen Versorgung sowie Reise- und Rechtsanwaltskosten zu berücksichtigen – liegen bei circa 80.000 €[29] und übersteigen dadurch das durchschnittliche Bruttojahreseinkommen in der Bundesrepublik in diesem Jahr um mehr als 60 %. Leihmutterschaften dürften also auch allein deshalb für einen Großteil der Bevölkerung außerhalb aller Möglichkeiten liegen. Shetty berichtet, dass in den Vereinigten Staaten sogar bis zu

---

[26] Scholz (2018): 37.
[27] Falkenhayn und Weinberg (2017): 44.
[28] Konigorski (2013).
[29] Ebd.

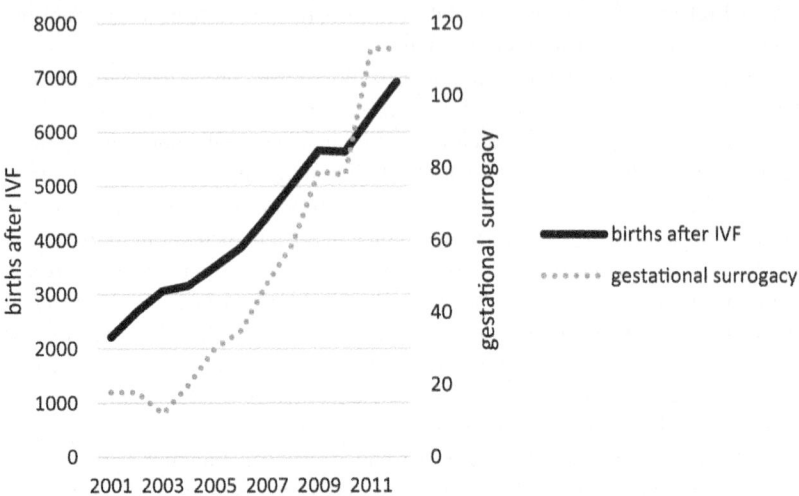

Abb. 1 Zahl der Geburten mithilfe von IVF und Leihmutterschaft in Kanada 2001–2012. (Quelle: Zahlen aus White 2016: 2017. (Eigene Darstellung)

250.000 US$ notwendig sein können.[30] Nach Sysdsjö et al. liegt der Medianwert zwischen 50.000 und 100.000 €, immerhin ein Viertel der allerdings mit 12 Paaren sehr kleinen Stichprobe homosexueller Paare, die auf das Verfahren der Leihmutterschaft zurückgegriffen haben, schätzen die Kosten auf sogar über 100.000 €.[31]

Dankenswerterweise ist die Datenlage für die Zahl entsprechender Leihmutterschaften in einigen wenigen Ländern jedoch besser. So berichtet White auf der Grundlage des kanadischen Registers für assistierte Reproduktion die Zahlen der mithilfe von in-vitro-Fertilisation und mit Hilfe der sogenannten gestational surrogacy geborenen Kinder.[32] Abb. 1 spiegelt diese Zahlen wider.

Auf der linken Ordinate sind die absoluten Zahlen der mithilfe künstlicher in-vitro-Fertilisationen entstandenen Geburten, auf der rechten Ordinate die absoluten Zahlen der gestationalen Leihmutterschaften. Deutlich ist zu sehen, dass beide Entwicklungen nahezu parallel sind und dass sich beide Optionen innerhalb der beobachteten Jahre einer deutlich stärkeren Verbreitung erfreuen. Zieht man

---

[30] Shetty (2012): 1633.
[31] Sysdsjö et al. (2019): 71.
[32] White (2016).

zum Vergleich nun jedoch die absolute Zahl an Geburten als Kontrastfolie heran, so verfünffacht sich zwar der Anteil der Leihmuttergeburten in diesen 12 Jahren, beträgt jedoch auch im Jahr 2012 immer nur noch 0,0029 %! Es erscheint eine doch sehr gewagte Interpretation, hier von „becoming an increasingly common family building option"[33] zu sprechen!

Perkins et al. berichten entsprechende Zahlen für den Zeitraum 1999 bis 2013 für die Vereinigten Staaten von Amerika.[34] Auch hier lässt sich ein nahezu linearer Anstieg beobachten, allerdings sind auch in den Vereinigten Staaten nur höchstens 2,5 % aller IVF-Zyklen entsprechende gestationalen Leihmutterschaftszyklen. Im Jahr 2019 stellen ART (assisted reproductive technologies) – bei erstaunlich großen Unterschieden zwischen den einzelnen Bundesstaaten – nur 2,1 % aller in den Vereinigten Staaten geborenen Kinder dar. Verbindet man diese beiden Informationen, so sind gerade einmal 0,0525 % aller Geburten Leihmuttergeburten. Für die generelle demographische Entwicklung sind diese rund 2000 Geburten jedoch eine relativ kleine Zahl. Obwohl das ‚Center for Disease Control and Prevention' vielfach einen vorbildhaft offenen Zugang zu amtlichen Daten liefert, lassen sich erstaunlicherweise keine neueren Zahlen für die Vereinigten Staaten recherchieren.

Wohl zu Recht wird immer wieder darauf hingewiesen, dass Leihmutterschaften durchaus auch ein grenzüberschreitendes Phänomen sind. Nicht zuletzt bedingt durch ausgesprochen unterschiedliche und sich auch ändernde rechtliche Regelungen werden die Ukraine und vor allem Indien als Länder genannt, in denen Leihmutterschaften „beauftragt" werden können. Wirklich belastbare Zahlen über Inzidenzen und die Zusammensetzung von Angebots- und Nachfrageseite liegen aber auch hier nicht vor. Weiter unten werden wir die naheliegende Diskussion über soziale Ungleichheiten und globale Ausbeutungen noch kurz aufnehmen. Im Rahmen des Versuchs die Größenordnung dieser Interaktionen abzuschätzen, sei in diesem Zusammenhang auf die Studie von Suganya und Vijyyakumar hingewiesen: „Around 25.000 to 30.000 kids are born through surrogacy in India"[35] – wird dort vermutet. Setzt man die höhere Schätzung in Relation zu den mehr als 22 Mio. Geburten in Indien im Jahr 2020, so beträgt der Anteil der durch Leihmutterschaft zur Welt gekommenen Kinder aber auch in Indien gerade einmal 0,14 %.

---

[33] Kneebone et al. (2022): 816.
[34] Perkins et al. (2016).
[35] Suganya und Vijyyakumar (2022): 128.

Alle hier genannten Zahlen und Entwicklungen zeigen, dass Leihmutterschaften einerseits durchaus ein internationales Phänomen sind.[36] Andererseits sollte man aber doch sehr zurückhaltend sein, in diesem Zusammenhang davon zu sprechen, dass Leihmutterschaft „has grown into a global trend".[37] Auch Smith Rotabi et al., die von Gunnarsson Payne et al. zum Beleg zitiert werden, konstatieren ihrerseits: „There is no reliable estimate of the number of surrogate birth that occur each year globally".[38] Leihmutterschaften sind – und diese Spekulation sei hier erlaubt – und bleiben im Gesamtzusammenhang ein relativ kleines Randphänomen, auch wenn sich daran sicherlich wichtige rechtliche, ethische, entwicklungs- und bindungspsychologische und nicht zuletzt familiensoziologische Grundfragen und -prozesse explizieren lassen.

4   Potenziale und Forschungstraditionen

Wenn man das – um das häufig Verwendung findende ökonomische Jargon noch einmal zu verwenden – Nachfragepotenzial für die Leihmutterschaft abschätzen will, erscheint es sinnvoll, sich vor allen den Personengruppen zuzuwenden, die sich gezwungen sehen könnten, diesen doch aufwendigen Weg zu wählen, da sie nicht selbst in der Lage sind, eine Familie auf dem traditionellen Weg zu gründen. Schnell fokussiert man sich dabei auf zwei Gruppen: homosexuelle Personen – und hier insbesondere wohl homosexuelle Männer – und infertile Personen.

Versucht man zuerst die Zahl homosexueller Paare festzustellen, so stößt man dabei auf eine Fülle von empirischen Schwierigkeiten. Nicht zuletzt aufgrund der jahrhundertelangen Diskriminierung und Pathologisierung der Homosexualität sind entsprechende Untersuchungen historisch selten. Darüber hinaus kann man anzweifeln, ob es sich bei Homosexualität wirklich um ein binäres Phänomen handelt – zumal, wenn man einen Lebensverlaufsperspektive einnimmt. Eine der ersten empirischen Studien wurde allerdings bereits in den späten 1940er Jahren von Alfred Kinsey und seinem Team durchgeführt. Die dort berichtete Quote von etwa 50 % der Männer, die physische homosexuelle Erlebnisse hatten oder erotisch auf andere Männer reagieren, erscheint aber eher ein methodisches Artefakt zu sein, zeigt aber trotzdem, dass Homosexualität kein seltener Einzelfall ist.[39] Rudder berichtet in seiner Untersuchung, dass sich rund 80 % der Männer,

---

[36] Vgl. Brandao und Garrido (2022).
[37] Gunnarsson Payne et al. (2020): 183.
[38] Smith Rotabi et al. (2017): 67 zitiert nach Gunnarsson Payne et al. (2020).
[39] Kinsey, Alfred (1948, 1953).

aber nur 50 % der Frauen als konsequent heterosexuell definieren.[40] Oldemeier berichtet von einem Queer-Anteil von 6 bis 11 %,[41] wobei die entsprechende Datenbasis, die Dalia-Studie aus dem Jahr 2016, methodisch stark anzweifelbar ist und in der Zwischenzeit auch nicht mehr recherchierbar, geschweige denn für Reanalysen verfügbar ist. Kroh et al. kommen zu einer Schätzung von 2 % sich als offen homosexuell bekennenden Personen.[42] Dieser nur kursorische Überblick zeigt, dass wohl ein kleiner, im einstelligen Prozentbereich sich bewegender Anteil aller Personen als längerfristig homosexuell klassifiziert werden kann. Während bei weiblichen homosexuellen Paaren natürlich die Möglichkeit besteht, auf in-vitro-Fertilisationen zurückzugreifen – eventuelle Schwierigkeiten können bei der Frage der Finanzierung dieser Maßnahmen auftreten –, ist dieser Weg männlich homosexuellen Paaren verschlossen. Hier sind Leihmutterschaften neben sogenannten Queerfamilien,[43] Auslands- und Stiefkindadoptionen sowie Pflegschaften eine wichtige Option. Eine Schätzung der Inzidenz dieser verschiedenen Optionen, ja selbst des Kinderwunsches, sind auf einer verlässlichen empirischen Basis jedoch nicht möglich. Generell ist aber davon auszugehen, dass in Anbetracht der zu findenden Verteilungen und anekdotischer Referenz insgesamt eine hinreichende Nachfragebasis vorhanden ist. Die in den letzten Jahren immer vielfältiger werdende Forschung zu homosexuellen Beziehungen zeigt, dass – eben abgesehen von der sexuellen Orientierung – die Unterschiede zwischen Paaren unterschiedlicher sexueller Orientierung eher gering sind.[44] Dies betrifft dann eben nicht nur die reale Ausgestaltung des Alltags beispielsweise hinsichtlich der Arbeitsteilung, sondern auch die Familienmodelle und wohl auch den Kinderwunsch,[45] wenn vielleicht auch im Vergleich auf einem etwas geringeren Niveau[46]. Der Titel eines Beitrages von Julia Teschlade bringt dies prägnant auf den Punkt: „Ich stelle mir nur vor, eine normale Familie zu sein".[47]

Die zweite soziodemographisch zu differenzierende Gruppe sind heterosexuelle Personen, die ungewollt kinderlos sind. Auch hier ist zu berücksichtigen, dass sowohl der Kinderwunsch wie auch eine eventuelle Entscheidung zur Kinderlosigkeit sich im Lebensverlauf – auch mehrfach – ändern kann und in den meisten

---

[40] Rudder (2014): 183.
[41] Vgl. Oldemeier (2017).
[42] Vgl. Kroh et al. (2017).
[43] Vgl. Teschlade et al. (2020).
[44] Reczek (2020).
[45] Kleinert et al. (2012); vgl. auch Perales et al. (2020).
[46] Vgl. Vries (2021).
[47] Teschlade (2017).

Fällen auch von dem jeweiligen Partner oder der jeweiligen Partnerin abhängt. Die genauen Interaktions- und Aushandlungsprozesse bei Paaren – ganz unabhängig von der sexuellen Orientierung – sind dabei erstaunlich schlecht untersucht (eine Ausnahme bildet die Untersuchung mit 10 lesbischen Paaren bei Chabot/ Ames 2004). Die häufig unter dem Begriff Verhandlungsmodelle firmierenden Modelle der Ökonomie[48] gehen explizit nicht davon aus, dass es sich um ein realistisches Abbild der Paarinteraktionen handelt. Die familiensoziologische Diskussion ist sich aber einig, dass strukturelle Veränderungen und dabei vor allem die sich verbessernden Optionen von Frauen – bei allen immer noch beobachtbaren gesellschaftlichen Benachteiligungen – letztlich dazu geführt haben, dass Fertilitätsprozesse zumindest zeitlich im Lebensverlauf verschoben worden sind. In höherem Alter häufen sich – übrigens bei Männern wie Frauen – die medizinischen Probleme der Fruchtbarkeit.[49] Diese Verschiebungen, aber vielleicht auch generelle Veränderungen der Umwelt, erhöhen die Zahl der dauerhaft kinderlosen Personen.[50]

Neuere Schätzungen gehen von einem Anteil von mehr als einem Fünftel eines Jahrganges aus, der dauerhaft kinderlos bleibt, wobei hier eben gewollt und ungewollt kinderlose Personen, deren Trennung insgesamt problematisch ist, zusammengefasst werden.[51] Hierbei sind aber deutliche regionale Unterschiede vor allem zwischen Ost- und Westdeutschland zu konstatieren. Passet-Wittig et al. berichten hinsichtlich der ungewollten Kinderlosigkeit selbstverständlich von deutlich geringeren Inzidenzen im einstelligen Prozentbereich.[52] Gerade die ungewollt kinderlosen Personen bilden ebenfalls Nachfragepotenzial nach alternativen Wegen der Familiengründung oder -erweiterung wie beispielsweise der Leihmutterschaft. Je nach konkreter Ausgestaltung individuell stark differenziert ist jedoch damit zu rechnen, dass diese Option erst das Ende einer langen Entwicklungslogik ist, die meist die folgenden Schritte und damit eine gewisse Entwicklungslogik umfasst: Probleme der Fertilität, medizinische Diagnose der (temporären) Unfruchtbarkeit, eventuell hormonelle Behandlungen, Versuche der IVF, Scheitern dieser IVF-Versuche. Erst dann werden wohl in aller Regel Überlegungen und Schritte in Richtung Leihmutterschaft unternommen.

---

[48] Vgl. Kohlmann und Kopp (1997); Rasul (2008); Stein et al. (2014).
[49] Passet-Wittig (2016): 87.
[50] Vgl. ebd.
[51] Leopoldina (2019): 15 ff.; Heisig et al. (2022).
[52] Vgl. Passet-Wittig et al. (2016).

Eine letzte, vielleicht nicht unerwähnt bleiben sollende Personengruppe stellen asexuelle Menschen dar.[53] Diese Personengruppe ist sozialwissenschaftlich letztlich kaum erforscht und so lassen sich über die Inzidenz – hier müsste wiederum zwischen einer kurzfristigen und einer lebenslangen Asexualität differenziert werden – noch über die konkreten Lebensumstände und erst recht nicht über eventuelle Einstellungen wie Vorstellungen über Familie und damit eben auch den Kinderwunsch Aussagen treffen. Trotz diesen sicher nicht nur im Bereich der Asexualität, sondern auch bei den anderen angesprochenen Themen vorhandenen Forschungslücken sei darauf hingewiesen, dass das diagnostizierte Nachfragepotenzial natürlich nur dann besteht, wenn auch ein entsprechender Kinderwunsch in dieser Gruppe vorhanden ist. Weiter unten werden wir einige Argumente und Belege dafür anführen, dass der Wunsch nach Partnerschaft und Familie – in welcher spezifischen Form auch immer – wohl eine der wenigen gesellschaftlichen Universalien ist.[54]

Wenn man abschließend all diese Überlegungen und Ergebnisse zusammenfassen will, so kann man natürlich einerseits ein gewisses Nachfragepotenzial nach Leihmutterschaften erkennen, die mit einem derartigen Prozess aber verbundenen Hürden und Schwierigkeiten, aber auch rechtlichen Einschränkungen, vor allem aber die vorliegenden Ergebnisse über die Fallzahlen, lassen es verständlich erscheinen, dass diese Thematik in der (familien-) soziologischen Diskussion bislang bestenfalls ein Schattendasein beanspruchen kann. Man kann den Eindruck gewinnen, dass die öffentliche Diskussion in keiner Relation zur Bedeutung steht. Bevor im nächsten und abschließenden Abschnitt einige Überlegungen vorgestellt werden sollen, die zur Erklärung dieses Missverhältnisses dienen können, gilt es zuvor noch die einige Studien einzugehen, die sich mit den konkreten Umständen, Bedingungen, Ursachen und vor allem Folgen der Leihmutterschaften beschäftigen – und zwar sowohl für die die Schwangerschaft erfahrenden Frauen als auch für die Paare, die als potenzielle soziale Eltern dienen. In diesem Feld kann dankenswerterweise auf einige wichtige Einzelstudien[55] und eine – wenn auch narrative – Metaanalyse[56] von Kneebone zurückgegriffen werden, deren wichtigste Analysedimensionen hier skizziert werden sollen.

---

[53] Vgl. Guz et al. (2022).
[54] Antweiler (2007), (2018).
[55] Karandikar et al. (2014); Bakova (2018); Sydsjö et al. (2019); Tsebi et al. (2020); Khvorostianov (2022).
[56] Kneebone et al. (2022).

Einige Studien beschäftigen sich mit der Motivation der geplanten sozialen Eltern und finden hierbei letztlich unterschiedliche Manifestationen eines Kinderwunsches: „wanting to have a genetically related child (...), wanting to raise a child from birth".[57] Deutlich häufiger findet sich jedoch Studien zur anderen Seite, den Leihmüttern. Neben psychologischen und altruistischen Motiven – „re-experience pregnancy (...), wanting to help people overcome infertility"[58] – finden sich finanzielle Gründe, beispielsweise zur Unterstützung der eigenen Familie.[59] Patel et al. fassen ihre Ergebnisse wie folgt zusammen: "Surrogates are described in literature as true angels ‚who make dreams happen'. On the other hand, surrogacy has also been surrounded by several psychosocial controversies".[60]

Taebi et al. untersuchen die Erfahrungen der Leihmütter, wobei hier auch die Verzweiflung und die mit Schwangerschaft und Geburt einhergehenden Schmerzen thematisiert werden.[61] Teman berichtet von den Versuchen, die doch sehr heterogenen Erfahrungen und Berichte unter ein gemeinsames Narrativ zu bündeln, welches sie als „idealized, romantizided, utopian story"[62] beschreibt. Hier finden sich auch Ergebnisse zu den generellen Risiken der Schwangerschaft, den körperlich-ästhetischen Aspekte, aber auch Verlagerung des Risikos und der körperlichen Anstrengungen von Schwangerschaften und Geburt, Schmerzen sowie Nachfolgeerkrankungen.[63]

Die Beziehungen zwischen Leihmutter und geplanten sozialen Eltern während der Schwangerschaft vor allem aber auch danach sind weitere Themenfelder dieser Studien.[64] Vor allem bei internationalen Arrangements ist aber damit zu rechnen, dass die geographischen, ökonomischen, sozialen, aber auch sprachlichen Unterschiede und Schwierigkeiten die häufig romantisiert gedachte Beziehung schnell auf die geschäftsmäßige Ebene reduzieren und dauerhaft nicht stabil bleiben dürfte.[65]

---

[57] Ebd.: 818.
[58] Ebd.
[59] Vgl. Karandikar et al. (2014); vgl. Khvorostianov (2022).
[60] Patel et al. (2020).
[61] Taebi et al. (2020).
[62] Teman (2019): 282.
[63] Vgl. zu den Beziehungen der verschiedenen in den Prozess involvierten Personen auch Gunnarsson Payne (2020), Ciccarelli und Beckman (2005).
[64] Kneebone et al. (2022): 825.
[65] Vgl. auch Patel et al. (2020).

Vereinzelt finden sich auch Untersuchungen über die Einstellungen der Bevölkerung zur Leihmutterschaft wie etwa die Studien von Bakova et al. aus Bulgarien, die eine generelle Zustimmung ausmachen[66]. Allerdings ist die Datenbasis relativ beschränkt und beispielsweise die Erfassung der individuellen Bereitschaft zur Leihmutterschaft durch einzelne Items – „whether they would be agree to become a ‚surrogate mother/or would give their consent to their wife"[67] – erscheint doch zumindest hinsichtlich der Validität anzweifelbar.

Generell lässt sich auch hier ein deutlicher Mangel an fundierten und methodisch vertretbaren und damit Befunde generalisierbaren Untersuchungen diagnostizieren. Schon die demographischen Grundfakten sind letztlich nicht wirklich erhoben und es erscheint mehr als zweifelhaft, dass dies in absehbarer Zeit geschehen wird.

5 Anschlussmöglichkeiten und Bedeutungen der Diskussionen für die allgemeine (Familien-) Soziologie

Zwar gibt es bemerkenswerte Bevölkerungsgruppen, die selbst keine Kinder haben können und somit als Nachfragepotenzial für Leihmutterschaften zur Verfügung stehen. Die Zahl der Geburten in Deutschland als Folge von Leihmutterschaften, also die Inzidenz dieses sozialen Phänomens, ist insgesamt sehr gering und wird es aller Voraussicht nach auch bleiben. In Gegensatz zu dieser Einschätzung hat das Thema in der öffentlichen Diskussion – und das wie oben bereits erwähnt bis hinein in die Koalitionsvereinbarung – einen großen Widerhall. In diesem abschließenden Absatz sollen nun einige, wenn auch ungeordnete Überlegungen vorgestellt werden, die diese scheinbare Diskrepanz erklären und eventuell sogar begründen können.

a) Gerade an von der gesellschaftlichen Routine abweichenden Phänomenen und Prozessen lassen sich grundlegende soziale Mechanismen klarer sehen. Margret Mead (2001) hat in ihrer klassischen Studie „Coming of Age in Samoa" mit der Adoleszenz von Jugendlichen auf einer Pazifikinsel – African Samoa – und damit in einer der am weitesten von den Vereinigten Staaten entfernten Kulturen der Welt überhaupt beschäftigt. Neben der sicherlich vorhandenen ethnologischen Neugier diente diese geographisch entlegene Kontrastfolie

---

[66] Bakova et al. (2018).
[67] Ebd.: 3837.

jedoch vor allem auch dazu, Erkenntnisse über die Entwicklungsprozesse in den Vereinigten Staaten zu erzielen. Sehen sich alle Jugendliche den gleichen Problemen und Schwierigkeiten in der Pubertät gegenübergestellt oder finden sich hier Unterschiede?

Schon in den „Studies of Ethnomethodology" hat Harold Garfinkel (1967) eine Fallstudie zur Transsexualität vorgestellt. In dieser Konstellation konnte man deutlich untersuchen, was passiert, wenn man einige grundlegenden gesellschaftlichen Annahmen – es gibt zwei und nur zwei Geschlechter, diese sind unveränderlich und eindeutig und so weiter – hinterfragt. Wie funktionieren in diesen Fällen Geschlechterdefinition und -identifikation?

Lassen sich so vielleicht auch anhand der Thematik Leihmutterschaft ebenso einige grundlegenden (familien-) soziologischen Prozesse und Mechanismen demonstrieren? Bilden beispielsweise die vorgestellten unterschiedlichen Dimensionen der Elternschaft ein einheitliches Konstrukt oder lassen sich diese Dimensionen auch empirisch trennen? Wie und wann werden Bindungsgefühle, das von Bowlby 1975 entwickelte Konzept des Attachments, zwischen Eltern und Kindern als wesentlicher Kitt zwischenmenschlicher Bindungen aufgebaut.[68] Die Untersuchung von Leihmutterschaften und den so entstehenden intergenerationalen Beziehungen in ihren unterschiedlichen Facetten könnte hier hilfreiche Einblicke erbringen.

b) Sind Leihmutterschaften aber vielleicht auch nur ein weiteres Zeichen für die zunehmende Kolonialisierung der Lebenswelt, wie es Jürgen Habermas vor mehr als vierzig Jahren in seiner grundlegenden sozialphilosophischen Arbeit zum kommunikativen Handeln (1981) analysiert hat. Wird ein weiterer Bereich des Lebens der Logik wirtschaftlichen Handelns unterworfen und globalisierte Handelsbeziehungen nun auch für Kinder entworfen? Haben wir es mit der Verdinglichung und damit wohl auch Ausbeutung und Entfremdung des weiblichen Körpers in einem bislang relativ neuen Feld zu tun?[69] Im Rahmen einer derartigen Analyse können unterschiedliche Schwerpunkte gesetzt werden. So kann man sich beispielsweise mit den Folgen für die das Kind austragende Frau, den Leihmüttern, beschäftigen. Bagcchi (2014) berichtet von sozialer Ausgrenzungserfahrungen, schon Shetty (2012) weist auf die teilweise starke gesundheitliche Gefährdung der Leihmütter hin, die übrigens durch die häufig beobachtbare Praxis der Einsetzung mehrerer Embryonen

---

[68] Vgl. Hill und Kopp (2013), Biggel et al. (2021).
[69] Vgl. Suganya und Vijyyakumar (2022).

verstärkt wird, die aufseiten der späteren Eltern durch die ökonomische Einschätzung „buy one, get one free"[70] verstärkt wird. Taebi et al. (2020), Söderström-Anttila et al. (2016) und vor allem Kneebone et al. (2022) geben einen Überblick über die möglichen Erfahrungen der involvierten Personen vor, während und nach einer Schwangerschaft.

Leihmutterschaften gerade, wenn sie nicht innerhalb eines Landes oder Kulturkreises stattfinden, sondern über Grenzen oder gar Kontinente hinweg organisiert sind und organisiert werden müssen, sind häufig auch Manifestationen globaler sozialer Ungleichheit. Sie schließen mit dem Ammenwesen oder gar der Sklaverei an sehr dunkle Traditionen an. So berichtet Shetty (2012) die extreme Situation von Leihmüttern in Indien. Es ist eine starke Reifikation oder Verdinglichung der Frauen als reine ‚Gebärautomaten' zu beobachten, selbst wenn man bemüht ist, ein anderes Narrativ zu etablieren.[71] Shetty (2012) berichtet aber beispielsweise von einem Paar, dass nach mehrfachen Versuchen der In-vitro-Fertilisation dann bei der neunten Leihmutter erfolgreich ihre Pläne umsetzen konnte. Deutlich wird an diesem Einzelfall, dass hier natürlich keine soziale, sondern eine rein ökonomische Beziehung besteht und dass dieses Vorgehen nur für eine sehr kleine und wohlhabende Schicht eine Option darstellt. Suganya und Vijyyakumar (2022) sprechen hier von der Ausbeutung des indischen – auch im etymologischen Sinne – Proletariats.

c) Die Diskussion über Leihmutterschaft macht aber auch deutlich, dass – wie bereits oben kurz erwähnt – Familie eine der wenigen Konstanten, wenn nicht vielleicht sogar gesellschaftlichen Universalien, sind. Eines der Hauptmotive liegt in einem expliziten Kinderwunsch. Dabei ist dies wohl nicht besonderen Lebensumständen geschuldet, sondern findet sich relativ tief verankert über lange Zeit. Als ein Indikator dafür können die Daten der Shell-Jugendstudie herangezogen werden, die seit den 1950er Jahren die Lebensumstände, Werte und Einstellungen von Jugendlichen untersucht. für die folgende Analyse wurde auf einen über GESIS erhältlichen kumulierten Datensatz der Jahre 2002 bis 2019 zurückgegriffen.[72] In diesen Daten werden die Jugendlichen danach gefragt, ob sie schon Kinder haben oder ob sie – wenn sie noch keine Kinder haben – sie später welche haben möchten. Die rund ein Viertel der befragten Personen ausmachende Gruppe, die hier mit „weiß nicht antwortete" wurde von der weiteren Analyse ausgeschlossen. Betrachtet man sich nun

---

[70] Shetty (2012): 1634.
[71] Patel et al. (2020).
[72] Shell-Jugendstudie (2019).

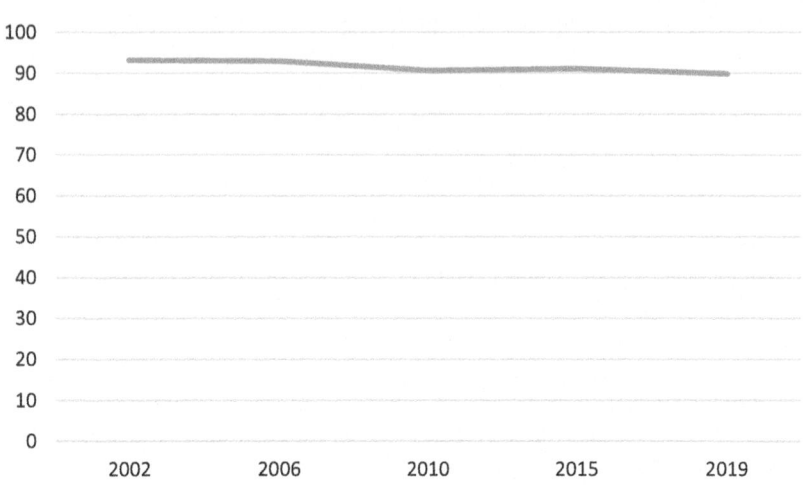

Abb. 2 Der Kinderwunsch von Jugendlichen und jungen Erwachsenen (in Prozent). (Quelle: Shell-Jugendstudie, verschiedene Jahrgänge (eigene Berechnungen)

im Zeitverlauf den Anteil der Personen mit Kindern beziehungsweise einem Kinderwunsch, so ergibt sich das in Abb. 2 zu findende Ergebnis.

Es ist also von einer grundlegenden Konstanz des Kinderwunsches auszugehen, wobei hier natürlich im Lebensverlauf typische Muster festzustellen sind.[73] Leihmutterschaften sind in dieser Perspektive eine Bestätigung der Vermutung, dass es sich bei dem Kinderwunsch – vielleicht ähnlich wie bei dem Wunsch nach einer engen sozialen Beziehung[74] – um ein sehr weit verbreitetes soziales Phänomen, letztlich um eine soziale Universalie handeln könnte.[75] Die von Scholz (2018) vorgeschlagene alternative Interpretation auf der Grundlage einer einzigen Bildanalyse – Leihmutterschaft steht dort als Indikator für Abschied von mutterzentrierter Kernfamilie – verkennt wohl die in vielfältigen und oben berichteten Studien dokumentierte Motivlage der betroffenen Personen.

Das behauptete verstärkte Aufkommen des Wunsches nach Leihmutterschaft oder zumindest die entsprechende Diskussion zeigt zum wiederholten Male die Resilienz klassischer Familienmodelle. Das scheint sich in den

---

[73] Vgl. Huinink (2016).
[74] Vgl. Lovejoy (1981).
[75] Vgl. Teschlade (2017).

durchaus kleinen Kanon menschlicher Universalien[76] einzureihen und ist durchaus evolutionär begründbar.[77]

Dieser Befund steht auch nicht in Widerspruch zu der ab und an diagnostizierten und wohl noch viel häufiger propagierten Pluralisierung der Lebens- und Familienformen. Diese zeigt sich übrigens auch weniger hinsichtlich der empirischen Verbreitung und ist vor allem davon abhängig, welchen historischen Referenzrahmen man festlegt, sondern viel mehr in der normativen Akzeptanz anderer, von Standardmodell abweichender Formen.[78] Eine Entwicklung, die sich gerade im Zusammenhang mit ethischen Diskussionen gut mit dem Wort von Klaus Wowereit bewerten lässt: ‚und das ist auch gut so!'.

Literatur

Antweiler, Christoph (2007): Was ist den Menschen gemeinsam. Darmstadt: Wissenschaftliche Buchgesellschaft.

Antweiler, Christoph (2018): Universalien, soziale. In: Johannes Kopp, Anja Steinbach (Hrsg.): Grundbegriffe der Soziologie. 12. Aufl. Wiesbaden: Springer VS. S. 473–474.

Bagcchi, Sanjeet (2014): Mothers who turn to surrogacy to support their families face ostracism, study shows. BMJ Clinical Research 05/2014. Vol. 348. S. 3257.

Bakova, Desislava et al. (2018): Study of the attitude of Bulgarian society towards surrogacy. Biomedical Research 11/2018. Vol. 29. S. 3835–3841.

Bartnitzky, S. et al. (2022): D.I.R-Annual 2021. Journal für Reproduktionsmedizin und Endokrinologie – Journal of Reproductive Medicine and Endocrinology 2022. Vol. 19. S. 241–294.

Baumgarten, Diana et al. (2017): Die Entstehung der Vorstellungen von Familie in der (deutschsprachigen) Schweiz. Analysebericht zu Handen der Metropolitankonferenz Zürich. Basel: Universität Basel.

Biggel, Franziska et al. (2021): Elternschaft im Wandel. From status to contract? In: Reinhard Bork et al. (Hrsg.): Archiv für civilistische Praxis. Band 221. Heft 6. S. 765–808.

Bowlby, John (1975): Bindung. Eine Analyse der Mutter-Kind-Beziehung. München: Kindler.

Brandao, Pedro; Garrido, Nicolás (2022): Commercial Surrogacy: An Overview. Revista brasileira de ginecologia e obstetrícia: revista da Federação Brasileira das Sociedades de Ginecologia e Obstetrícia 12/2022. Vol. 44. S. 1141–1158

Bujard, Martin et al. (2022): Fertilität. In: Oliver Arránz Becker et al. (Hrsg.): Handbuch Familiensoziologie. Wiesbaden: Springer VS.

---

[76] Antweiler (2007; 2018).

[77] Lovejoy (1981).

[78] Vgl. Diabate (2015).

Chabot, Jennifer M.; Ames, Barbara D. (2004): "It wasn't 'let's get pregnant and go do it':" Decision Making in Lesbian Couples Planning Motherhood via Donor Insemination. In: Family Relations. 2004: Vol. 53. Nr. 4. S. 348–356.

Ciccarelli, Janice C.; Beckman, Linda J. (2005): Navigating Rough Waters. An Overview of Psychological Aspects of Surrogacy. In: Journal of Social Issues 03/2005. Vol. 61. Nr. 1. S. 21–43.

Diabate, Sabine (2015): Partnerschaftsleitbilder heute: Zwischen Fusion und Assoziation. In: Norbert F. Schneider et al. (Hrsg.): Familienleitbilder in Deutschland. Kulturelle Vorstellungen zu Partnerschaft, Elternschaft und Familienleben. Opladen: Verlag Barbara Budrich. S. 45–61.

Falkenhayn, Katharina von, Weinberg, Marcus (2017): Keine Kapitulation vor den Verhältnissen. Herder Korrespondenz Spezial 1/2017.

Garfinkel, Harold (1967): Studies in Ethnomethodology. Cambridge: Polity Press.

Gunnarsson Payne, Jenny et al. (2020): Surrogacy relationships: a critical interpretative review. In: Upsala Journal of Medical Sciences 03/2020. Vol. 125. Nr. 2. S. 183–191.

Guz, Samantha et al. (2022): A Scoping Review of Empirical Asexuality Research in Social Science Literature. In: Archives of Sexual Behavior 05/2022. Vol. 51. Nr. 4. S. 2135–2145.

Habermas, Jürgen (1981): Theorie des kommunikativen Handelns. 2 Bände. Frankfurt am Main: Suhrkamp.

Heisig, Katharina et al. (2022): Faktoren der Kinderlosigkeit in Ostdeutschland. In: Ifo Dresden berichtet 6/2022. Dresden: Ifo Institut. S. 10–18.

Hill, Paul Bernhard; Kopp, Johannes (2013): Familiensoziologie. Grundlagen und theoretische Perspektiven. 5. Aufl. Wiesbaden: Springer VS.

Horban, Katharina; Väth, Alicia (2020): Kinderwunsch Tage. Das Geschäft mit der Leihmutterschaft. Der Tagesspiegel. https://www.tagesspiegel.de/wirtschaft/das-geschaft-mit-der-leihmutterschaft-6149623.html [zuletzt geprüft am 23. 2. 2023].

Huinink, Johannes (2016): Kinderwunsch und Geburtenentwicklung in der Bevölkerungssoziologie. In: Yasemin Niephaus et al. (Hrsg.): Handbuch Bevölkerungssoziologie. Wiesbaden: Springer. S. 227–251.

Hume, David (2004): An Enquiry Concerning Human Understanding. Mineola, N.Y.: Dover Publications.

Karandikar, Sharvari et al. (2014): Economic Necessity or Noble Cause? A Qualitative Study Exploring Motivations for Gestational Surrogacy in Gujarat, India. In: Affilia – Journal of Women and Social Work. Vol. 29. S. 224–236.

Khvorostianov, Natalia (2022): The Motives Behind Post-Soviet Women's Decisions to Become Surrogate Mothers. In: Sexuality & Culture 2023. Vol. 27. S. 38–56.

Kinsey, Alfred C. et al. (1948): Sexual Behavior in The Human Male. Philadelphia/London: Saunders.

Kinsey, Alfred C. et al. (1953): Sexual Behavior in The Human Female. Philadelphia/London: Saunders.

Klein, Thomas (2003): Die Geburt von Kindern in paarbezogener Perspektive. In: Zeitschrift für Soziologie 12/2003. Vol. 32. S. 506–527.

Kleinert, Evelyn et al. (2012): Homosexualität und Kinderwunsch. In: Zeitschrift für Sexualforschung 2012. Vol. 25. S. 203–223.

Kneebone, Ezra et al. (2022): Experiences of surrogates and intended parents of surrogacy arrangements: a systematic review. In: Reproductive Biomedicine Online 10/20022. Vol. 45. Nr. 4. S. 815–830.
Koalitionsvertrag (2021): Mehr Fortschritt wagen. Bündnis für Freiheit, Gerechtigkeit und Nachhaltigkeit. Koalitionsvertrag 2021–2025 zwischen der Sozialdemokratischen Partei Deutschlands (SPD), Bündnis 90/Die Grünen und den Freien Demokraten (FDP). Berlin.
Kohlmann, Annette; Kopp, Johannes (1997): Verhandlungstheoretische Modellierung des Übergangs zu verschiedenen Kinderzahlen. In: Zeitschrift für Soziologie 08/1997. Vol. 26. S. 258–274.
Konigorski, Monika (2013): Der gemietete Bauch. Deutschlandfunk. https://www.deutschlandfunk.de/der-gemietete-bauch-100.html [zuletzt geprüft am 23. 2. 2023].
Kopp, Johannes; Diefenbach, Heike (1994): Demographische Revolution, Transformation oder rationale Anpassung? Zur Entwicklung von Geburtenzahlen, Eheschließungen und Scheidungen in der (ehemaligen) DDR. In: Zeitschrift für Familienforschung 1994. Vol. 6. S. 45–63.
Kopp, Johannes; Richter, Nico (2015): Fertilität. In: Paul Bernhard Hill, Johannes Kopp (Hrsg.): Handbuch Familiensoziologie. Wiesbaden: Springer VS. S. 375–411
Köppen, Katja et al. (2021): Who can take advantage of medically assisted reproduction in Germany?. In: Reproductive Biomedicine and Society Online 08/2021. Vol. 13. S. 51–61.
Kroh, Martin et al. (2017): Einkommen, soziale Netzwerke, Lebenszufriedenheit: Lesben, Schwule und Bisexuelle in Deutschland. In: DIW-Wochenbericht Nr. 35 2017. S. 687–698.
Kuhnt, Anne-Kristin; Passet-Wittig, Jasmin (2022): Familie und Reproduktionsmedizin. In: Oliver Arránz Becker et al. (Hrsg.): Handbuch Familiensoziologie. Wiesbaden: Springer VS.
Leopoldina – Nationale Akademie der Wissenschaften (2019): Fortpflanzungsmedizin in Deutschland – für eine zeitgemäße Gesetzgebung. Halle (Saale): Deutsche Akademie der Naturforscher Leopoldina e. V.
Lovejoy, C. Owen (1981): The Origin of Man. In: Science 01/1981: Vol. 211. S. 341–350.
Mead, Margaret (2001/erstmals 1928): Coming of Age in Samoa: A Psychological Study of Primitive Youth for Western Civilization. Boston: Mariner Books.
Oldemeier, Kerstin (2017): Heteronormativität: Erfahrungen von jungen lesbischen, schwulen, bisexuellen trans* und queeren Menschen. In: Forum Gemeindepsychologie, Jg. 22 2017. http://www.gemeindepsychologie.de/fg-1-2017_05.html [zuletzt geprüft am 3. März 2023].
Passet-Wittig, Jasmin et al. (2016): Prävalenz von Infertilität und Nutzung der Reproduktionsmedizin in Deutschland. In: Journal für Reproduktionsmedizin und Endokrinologie – Journal of Reproductive Medicine and Endocrinology 2016. Vol. 13. Nr. 3. S. 80–90.
Passet-Wittig, Jasmin (2017): Unerfüllte Kinderwünsche und Reproduktionsmedizin. Eine sozialwissenschaftliche Analyse von Paaren in Kinderwunschbehandlung. Opladen/Berlin/Toronto: Barbara Budrich.
Patel, Ansha; Sharma P.S.V.N. (2020): "The Miracle Mothers and Marvelous Babies": Psychosocial Aspects of Surrogacy – A Narrative Review. In: Journal of Human Reproductive Sciences 07/2020. Vol. 13. S. 89–99.

Patzel-Mattern, Katja (2018): Wert und Bewertung des Verleihens. Ein historischer Vergleich als Beitrag zur aktuellen Diskussion um Leihmutterschaft. In: Beate Ditzen, Marc-Philippe Weller (Hrsg.): Regulierung der Leihmutterschaft. Aktuelle Entwicklungen und interdisziplinäre Herausforderungen. Tübingen: Mohr Siebeck. S. 9–21.

Patzel-Mattern, Katja et al. (2017): Der vermietete Bauch. Von Bestelleltern, Wunschkindern und Leihmüttern. In: Ruperto Carola: Forschungsmagazin der Universität Heidelberg. Heft 10. S. 86–95.

Perales, Francisco et al. (2020): The Family Lives of Australian Lesbian, Gay and Bisexual People: a Review of the Literature and a Research Agenda. In: Sexuality Research and Social Policy 03/2020. Vol. 17. S. 43–60.

Perkins, Kiran M. et al. (2016): Trends and outcomes of gestational surrogacy in the United States. In: Fertility and Sterility 04/2016. Vol. 106. S. 435–442.

Rasul, Imran (2008): Household Bargaining over Fertility: Theory and evidence from Malaysia. In: Journal of Development Economics 06/2008. Vol. 86. S. 215–241.

Reczek, Corinne (2020): Sexual- and Gender Minority Families: A 2010 to 2020 Decade in Review. In: Journal of Marriage and Family 02/2020. Vol. 82. S. 300–325.

Rudder, Christian (2014). Dataclysm. Who We Are. (When We Think No One's Looking). New York: Crown Publishing.

Scholz, Sylka (2018): Abschied von der mutterzentrierten Kleinfamilie? Die Pluralisierung von Familienformen und kulturellen Leitbildern im Kontext von gleichgeschlechtlicher und/oder assistierter Elternschaft. In: Edward Schramm, Michael Wermke (Hrsg.): Leihmutterschaft und Familie. Impulse aus Recht, Theologie und Medizin. Berlin: Springer. S. 37–57.

Schramm, Edward; Wermke, Michael (2018): Das Thema Leihmutterschaft in interdisziplinärer Perspektive – eine Einleitung. In: Edward Schramm, Michael Wermke (Hrsg.): Leihmutterschaft und Familie. Impulse aus Recht, Theologie und Medizin. Berlin: Springer. S. 1–21.

Schwab, Dieter (2011): Die Begriffe der genetischen, biologischen, rechtlichen und sozialen Elternschaft (Kindschaft) im Spiegel der rechtlichen Terminologie. In: Dieter Schwab, Laslo A. Vaskovics (Hrsg.): Pluralisierung von Elternschaft und Kindschaft: Familienrecht, -soziologie und -psychologie im Dialog. Sonderheft 6 der Zeitschrift für Familienforschung. Opladen: Verlag Barbara Budrich. S. 41–56.

Shell Jugendstudie 2019 (Kumulation 2002, 2006, 2010, 2015, 2019). Weinheim: Beltz. Albert, Mathias et al. https://doi.org/10.7802/2106 [zuletzt geprüft am 27.02.23].

Shetty, Priya (2012): India's unregulated surrogacy industry. In: The Lancet 11/2012. Vol. 380. S. 1633–1634.

Smith Rotabi, Kenny, Mapp, Susan, Cheney, Kristen, Fong, Rowena, McRoy, Ruth (2017). Regulating Commercial Global Surrogacy: The Best Interests of the Child. Journal of Human Rights and Social Work. Vol. 2. S. 64–73.

Söderström-Anttila, Viveca et al. (2016): Surrogacy: outcomes for surrogate mothers, children and the resulting families – a systematic review. In: Human Reproductive Update 2016. Vol. 22. S. 260–276.

Stein, Petra et al. (2014): Couples' fertility decision-making. In: Demographic Research 06/2014. Vol. 30. S. 1697–1732.

Suganya, C., Vijayakumar, M. (2022): Surrogacy: A Bio-economical Exploitation of Proletariats in Amulya Malladi's A House for Happy Mothers. In: World Journal of English Language 10/2022. Vol. 12. S. 127–132.

Sydsjö, Gunilla et al. (2019): Cross-border surrogacy: Experiences of heterosexual and gay parents in Sweden. In: Acta Obstet Gynecol Scand 01/2019. Vol. 98. S. 68–76.

Taebi, Mahboube et al. (2020): The Experiences of surrogate mothers: A qualitative study. In: Nursing and Midwifery Studies 01/2020. Vol. 9. S. 51–59.

Teman, Elly (2019): The Power of the Single Story: Surrogacy and Social Media in Israel. In: Medical Anthropology 04/2019. Vol. 38. S. 282–294.

Teschlade, Julia (2017): „Ich stelle mir nur vor, eine normale Familie zu sein". Schwule Väter und Leihmutterschaft im deutsch-israelischen Vergleich. In: Stephan Lessenich (Hrsg.): Geschlossene Gesellschaften. Verhandlungen des 38. Kongresses der Deutschen Gesellschaft für Soziologie in Bamberg 2016. Bd. 38.

Teschlade, Julia et al. (2020): Elternschaft und Familie jenseits von Heteronormativität und Zweigeschlechtlichkeit. Eine Einleitung. In: Almut Peukert et al. (Hrsg.): Elternschaft und Familie jenseits von Heteronormativität und Zweigeschlechtlichkeit. Sonderheft 5 der Zeitschrift „Gender". Opladen/Berlin/Toronto: Barbara Budrich. S. 9–27.

Turp, Ahmet Berkiz et al. (2017): Infertility and surrogacy first mentioned on a 4000-year-old Assyrian clay tablet of marriage contract in Turkey. In: Gynecological Endocrinology. Vol. 34. S. 25-27.

Vallejo, Irene (2022): Papyrus. Die Geschichte der Welt in Büchern. Zürich: Diogenes.

Vaskovics, Laslo A. (2011): Segmentierung und Multiplikation von Elternschaft, Konzept zur Analyse von Elternschafts- und Elternkonstellationen. In: Dieter Schwab, Laslo A. Vaskovics (Hrsg.): Pluralisierung von Elternschaft und Kindschaft: Familienrecht, -soziologie und -psychologie im Dialog. Sonderheft 6 der Zeitschrift für Familienforschung. Opladen: Verlag Barbara Budrich. S. 11–40.

Vries, Lisa de (2021): Regenbogenfamilien in Deutschland. Ein Überblick über die Lebenssituation von homo- und bisexuellen Eltern und deren Kindern. In: Sachverständigenkommission des Neunten Familienberichts (Hrsg.): Eltern sein in Deutschland. München: DJI Verlag.

White, Pamela M. (2016): Hidden from view: Canadian gestational surrogacy practices and outcomes, 2001–2012. In: Reproductive Health Matters 05/2016. Vol. 24. S. 205–217.

Wikipedia (2023): Leihmutter https://de.wikipedia.org/wiki/Leihmutter [zuletzt geprüft am 27. 2. 2023]

Leihmutterschaft aus psychologischer Perspektive

Dirk Kranz

Zusammenfassung

Das vorliegende Kapitel konzentriert sich auf empirisch-psychologische Forschung zu drei Bedürfnissen, die für die Bewertung von Leihmutterschaft relevant erscheinen: das Generativitätsbedürfnis der Wunscheltern, das Autonomiebedürfnis der Leihmutter und das Bindungsbedürfnis des Kindes. Erstens ermöglicht Leihmutterschaft Menschen mit unerfülltem Kinderwunsch, generativ zu sein; die sozialen Eltern von Kindern aus Leihmutterschaft zeigen im Durchschnitt eine hohe Erziehungskompetenz. Zweitens untergräbt Leihmutterschaft nicht per se die Autonomie der Leihmutter; vielmehr berichten die meisten Leihmütter über altruistische Motive und eine selbstbestimmte Entscheidung zur Leihmutterschaft. Drittens zeigen die meisten Kinder aus einer Leihmutterschaft eine sichere Bindung zu ihren sozialen Eltern und eine unauffällige psychosoziale Entwicklung. Trotz Einschränkungen der vorhandenen Forschung (v. a. Stichprobenselektivität) kann diese anregen, über Bedingungen der Inlands-Legalisierung von Leihmutterschaft nachzudenken, um so der größten Gefahr der gegenwärtig im Ausland realisierten Leihmutterschaft zu begegnen: der Ausnutzung von Frauen in prekären Verhältnissen.

D. Kranz (✉)
Universität Trier, Fachbereich I – Psychologie, Trier, Deutschland
E-Mail: dirk.kranz@uni-trier.de

© Der/die Autor(en), exklusiv lizenziert an Springer Fachmedien Wiesbaden GmbH, ein Teil von Springer Nature 2024
A. Ansari-Bodewein (Hrsg.), *Leihmutterschaft interdisziplinär*,
https://doi.org/10.1007/978-3-658-43747-3_5

1 Einleitung

Leihmutterschaft wird gesellschaftlich kontrovers diskutiert und steht aktuell auch auf der politischen Agenda. Im Vertrag der Regierungskoalition ist vorgesehen, die Aufhebung des generellen Verbots von Leihmutterschaft[1] und Bedingungen ihrer Legalisierung zu prüfen.[2] Trotz Verbots leben in Deutschland bereits heute Kinder, die aus einer Leihmutterschaft entstanden sind.[3] Diese wird bisher meist über Vermittlungsagenturen im Ausland ermöglicht;[4] die Elternschaft wird dann nachträglich gerichtlich anerkannt.[5]

Bei der Diskussion über Leihmutterschaft wird immer wieder auf psychologisches (Halb-) Wissen rekurriert. Inwieweit Psychologie als empirische

---

[1] Das generelle Verbot ergibt sich aus dem Embryonenschutzgesetz (1990), wonach ein extrakorporal entstandener Embryo *nicht* einer Ersatzmutter eingesetzt werden darf. Darüber hinaus verbietet das Adoptionsvermittlungsgesetz (1977) die Herbeiführung einer Leihmutterschaft. Die Begründung bezieht sich jeweils primär auf die Sorge, dass durch Leihmutterschaft gezeugte Kinder in ihrer psychosozialen Entwicklung beeinträchtigt seien – eine Sorge, die man aufgrund empirischer Evidenz inzwischen als unbegründet beschreiben kann. Eine Schattenseite des Gesetzes ist – unabhängig vom Verbot der Leihmutterschaft an sich – das Verbot der ärztlichen Information und Beratung zu Leihmutterschaft, weil diese leicht als eine Form der Vermittlung gewertet werden könnte und damit justiziabel wäre.

[2] Im Koalitionsvertrag 2021–2025 von SPD, Grünen und FDP (2021: 92) heißt es: „Wir setzen eine Kommission zur reproduktiven Selbstbestimmung und Fortpflanzungsmedizin ein, die [...] Möglichkeiten zur Legalisierung der Eizellspende und der altruistischen Leihmutterschaft prüfen wird". Die Kommission hat sich am 31.03.2023 konstituiert.

[3] Die Anzahl der Kinder aus Leihmutterschaften zu schätzen, ist. kaum möglich. Interessant ist ein Blick nach UK (genauer: England, Wales und Schottland; Bevölkerung: ca. 61 Mio.), wo Leihmutterschaft seit 1985 gesetzlich geregelt und in altruistischer Form möglich ist: 2021 gingen 459 Kinder aus einer inländischen Leihmutterschaft hervor (Horsey et al. 2022). Hochgerechnet auf die deutsche Bevölkerung (83 Mio.) entspräche dies 625 Kindern.

[4] Die Lage ist international sehr heterogen. Während etwa Österreich oder die Schweiz Leihmutterschaft ausdrücklich verbieten, wurde sie in UK und Tschechien (als altruistische Leihmutterschaft) oder in der Ukraine und Israel (auch als kommerzielle Leihmutterschaft) gesetzlich reguliert. In US-amerikanischen Staaten (z. B. Kalifornien) wird Leihmutterschaft hingegen durch Richterrecht reguliert. Manche Länder haben transnationale Leihmutterschaften inzwischen verboten (z. B. Indien oder Thailand).

[5] Die gerichtliche Anerkennung der Elternschaft in Deutschland ist unkompliziert, wenn schon ein ausländisches Gericht hierüber beschieden hat; der Bescheid wird dann übernommen. Komplizierter sind ansonsten notwendige transnationale Adoptionsverfahren. Die *de facto-Rechtsprechung pro* Leihmutterschaft ist insofern bemerkenswert, als dass man aus generalpräventiven Gründen die Anerkennung eines ausländischen Gerichtsbescheids bzw. die Durchführung eines Adoptionsverfahrens auch hätte ablehnen können; die Sicherung der Rechtsstellung eines bereits geborenen Kindes wiegt in der Rechtspraxis offenkundig schwerer.

Wissenschaft jenseits der *Beschreibung* etwas zur *Bewertung* von Leihmutterschaft beitragen kann, ist zu klären. Damit wird eine grundsätzliche metaethische Frage angesprochen: jene nach dem Verhältnis von Empirie und angewandter Ethik; danach, ob und wie Sein- und Sollen-Aussagen aufeinander bezogen werden dürfen. Ich werde am Ende darauf zurückkommen – nachdem ich über psychologische Forschung zu Leihmutterschaft referiert habe.

2   Was ist Leihmutterschaft?

Bei einer Leihmutterschaft beauftragt ein Paar (seltener eine Einzelperson) eine Frau – die Leihmutter –, stellvertretend ein Kind zur Welt zu bringen. Leihmutterschaft ist vermutlich so alt wie die Menschheit selbst. Die Bibelfesten mögen sich an Abram und Sarai erinnern (später Abraham und Sara; Gen 16, 1–4). Sarai, hochbetagt und kinderlos, veranlasst Abram, mit der Sklavin Hagar ein Kind zu zeugen, um es dann Abram und ihr zu überlassen. Diese traditionelle Form der Leihmutterschaft bezeichnet man als *genetische* Leihmutterschaft. Die Leihmutter stellt (im biblischen Fall: gezwungenermaßen) ihre *eigenen* Eizellen zur Verfügung; diese werden mit dem Samen des auftraggebenden Paars – genauer: des männlichen Parts – befruchtet.

Heute wird Leihmutterschaft allerdings kaum mehr als genetische, sondern als *gestationale* Leihmutterschaft realisiert.[6] Dazu wird moderne Reproduktionsmedizin in Anspruch genommen. Der Gebärmutter der Leihmutter wird ein Embryo

---

[6] Zuweilen werden epigenetische Aspekte diskutiert. Epigenetik umschreibt eine Erbe-Umwelt-Interaktion auf molekularer Ebene, also Veränderungen der DNA-Umgebung, die die Genexpression beeinflussen. So konnte nachgewiesen werden, dass Kinder übergewichtiger Mütter mit einer geringeren Wahrscheinlichkeit übergewichtig wurden, wenn die Mütter während der Schwangerschaft eine Diät einhielten und Sport ausübten. Epigenetische Veränderungen der kindlichen DNA-Umgebung mediierten diesen Zusammenhang. Ob es analog einen epigenetisch-intrauterinen Einfluss mütterlicher Erfahrungen (z. B. Stress) gibt, ist umstritten. Und selbst wenn das der Fall wäre, müsste der Bezug zu Leihmutterschaft noch hergestellt werden.

eingesetzt, der zuvor *in vitro* erzeugt worden ist.[7] Die benötigten Eizellen stammen nicht von der Leihmutter, sondern von einer anderen Frau – der genetischen Mutter.[8,9]

Die Elternkonstellation ist komplex: Es gibt die *Wunscheltern, nach* Wunscherfüllung auch *soziale* Eltern genannt, und die *genetischen* Eltern: Die genetische Mutter kann von der sozialen Mutter verschieden sein (z. B. wenn letzterer die Eierstöcke fehlen und sie auf fremde Eizellen angewiesen ist), muss es aber nicht (autologe Eizellspende, z. B. wenn vor einer Strahlentherapie mit Unfruchtbarkeitsfolge Eizellen entnommen und tiefgefroren wurden). Der genetische Vater ist oftmals auch der soziale Vater, aber auch das muss nicht so sein (heterologe Samenspende). Und es gibt die *Leihmutter,* die das Kind austrägt, aber nicht mit ihm genetisch verwandt sein muss – und es heutzutage, wie beschrieben, nur sehr selten ist (gestationale Leihmutterschaft).

---

[7] Hier ergibt sich ein weiterer Kritikpunkt an (gestationaler) Leihmutterschaft – wie an allen Formen der In-Vitro-Fertilisation (IVF): dass eine größere Anzahl von (Prä-) Embryonen per IVF erzeugt werden muss, weil meist drei Embryonen pro Behandlung in die Gebärmutter transferiert werden, um die Wahrscheinlichkeit einer erfolgreichen Einnistung zu erhöhen. Das bedeutet aber, dass überzählige (Prä-) Embryonen aktiv „verworfen" werden müssen bzw. man in Kauf nimmt, dass manche (Prä-) Embryonen abgestoßen werden. Wenn man davon ausgeht, dass menschlichen Lebens mit der Befruchtung; also der Verschmelzung von Ei- und Samenzelle, beginnt, handelt es sich in diesen Fällen um Tötung, analog zur Abtreibung. Generell sind – auch aus religiöser Sicht – unterschiedliche Annahmen über den Beginn menschlichen Lebens möglich: (1) Befruchtung (Tag 1; Begründung mit dem Potential); (2) Einnistung (Tag 6; Voraussetzung für Embryonalentwicklung); (3) Auftreten des Primitivstreifens (Tag 14; bis dahin viele Spontanabgänge, Möglichkeit eineiiger Zwillingsbildung, Anlage des Nervensystems; Grenze der Embryonenforschung in UK); Beginn der Schmerzempfindlichkeit (Tag 30); (4) Ausprägung aller Organe und Extremitäten (12. Woche; aus dem Embryo wird der Fötus; Fristenregelung für Abtreibungen in Deutschland).

[8] Einen guten Überblick bieten die Arbeitsgruppe Reproduktionsmedizin der Leopoldina (2019) und van den Akker (2017).

[9] Zum konkreten Vorgehen: Die Eizellspenderin wird hormonell behandelt, um eine vermehrte Eizellreifung zu erreichen. Die Eizellen werden mittels Punktionsnadel (alternativ: medikamentöser Induktion des Eisprungs) entnommen und identifiziert, dann *in vitro* mit den Samenzellen befruchtet (entweder als In-Vitro-Fertilisation [IVF] oder – spezifischer – als intracytoplasmatische Spermieninjektion [ICSI]), sodass sich Embryonen entwickeln können. Diese werden – nach evtl. Kryokonservierung – mit Transferkatheter in den Uterus der Leihmutter übertragen. Zwei historische Meilensteine auf dem Weg zur gestationalen Leihmutterschaft waren die Geburt des ersten Babys, das durch IVF entstand (1978), und die Geburt des ersten Babys, das aus einer gestationalen Leihmutterschaft entstand (1985).

So wird man in der komplexesten Konstellation auf fünf Elternteile kommen. Diese Familienform widerspricht deutlich der bürgerlichen Kleinfamilie.[10,11] Andererseits existieren schon lange – und zunehmend mehr – alternative Familienformen: etwa die Ein-Eltern-, Patchwork- oder Regenbogen-Familie. In meiner Forschung beschäftige ich mich mit letzterer, also mit Elternschaft jenseits von Heteronormativität. Für schwule Paare, die eine Familie gründen möchten, stellt Leihmutterschaft eine – noch illegale – Alternative zur seit 2017 im Zuge der „Ehe für Alle" vollumfänglich möglichen Adoption dar.[12] Diese *queere* Perspektive auf Leihmutterschaft möchte ich nachfolgend nicht aufgeben, sie soll aber nicht im Mittelpunkt stehen.[13]

3 Um wen und um was geht es?

Im Folgenden geht es um die *Triade* aus Wuscheltern, Leihmutter und Kind. Weiterhin geht es um drei *empirische Kriterien,* die für die Bewertung von Leihmutterschaft relevant erscheinen: das *Generativitäts*bedürfnis der Wunscheltern, das *Autonomie*bedürfnis der Leihmutter und das *Bindungs*bedürfnis des Kindes. In der Diskussion wird häufig *contra* Leihmutterschaft argumentiert, dass sie das Kindeswohl gefährde, weil sie eine stabile Eltern-Kind-Bindung verhindere, und dass sie die Selbstbestimmung von Frauen missachte, weil sie künftige Leihmütter in einer Notlage ausnutze; das Generativitätsargument wiederum wird eher *pro* Leihmutterschaft geführt.[14]

Die empirischen Studien basieren im Wesentlichen auf standardisierten Befragungen – bestenfalls im Längsschnitt und mit einer Kontrollgruppe angelegt,

---

[10] Vgl. Abrams (2015).

[11] Und auch die Kleinfamilie ist eine recht junge Familienform; sie löste Ende des 19. Jahrhunderts im Zuge der Industrialisierung und Urbanisierung die meist rurale Großfamilie ab. Die Tradition der „traditionellen Familie" von Vater, Mutter und Kind (Kindern) ist also zeitlich überschaubar. Dass sich viele christliche Traditionalisten auf die „heilige Familie", also Josef, Maria und Jesus, als Urform der Familie beziehen, ist historisch unsinnig – und überdies bemerkenswert, da Josef nicht der leibliche Vater von Jesus war und Maria auch nach der Geburt noch Jungfrau.

[12] Mit der Legalisierung der gleichgeschlechtlichen Ehe 2017 hat sich der rechtliche Rahmen für eine Adoption gleichgeschlechtlicher Paare wesentlich verbessert – dies zumindest aus lesbischer und schwuler Perspektive; für andere war und ist gerade diese Konsequenz ein Grund *gegen* die „Ehe für Alle". Aber das ist ein etwas anderes Thema, wobei sich einzelne Argumente in der Diskussion über Leihmutterschaft wiederholen.

[13] Für einen Überblick, s. Berkowitz (2020).

[14] Vgl. Kreß (2022).

also einschließlich des Vergleichs mit anderen Elternformen und deren Kindern, vor allem im Vergleich mit traditionellen Eltern oder solchen, die andere Verfahren der Fortpflanzungsmedizin nutzen. Neben quantitativen Surveys beziehe ich mich auch – allerdings weniger – auf qualitative Interviews, und vereinzelt auch auf Testverfahren (z. B. zur Intelligenzentwicklung der Kinder) und Verhaltensbeobachtungen (z. B. zur kindlichen Elternbindung).

Ich stütze mich vor allem auf *Reviews,* also Überblicksarbeiten, die die Befundlage *systematisch* betrachten (im Literaturverzeichnis daher gesondert aufgeführt). Systematisch bedeutet: Originalstudien werden aufgrund einschlägiger Literaturdatenbanken gesichtet und nach definierten Kriterien ausgewählt – z. B. nach relevanten Stichproben und Variablen. Systematisch bedeutet auch, in einem späteren Schritt: Die ausgewählten Originalstudien werden nach Gütekriterien – z. B. Studiendesign (Quer-/Längsschnitt, Kontrollgruppe) und Datenanalyse (Angemessenheit, Nachvollziehbarkeit) – auf ihre Qualität hin bewertet und entsprechend in der Zusammenschau gewichtet.

Eine besonders wertvolle Art des Reviews ist die Metaanalyse. Man analysiert mit statistischen Verfahren möglichst viele vergleichbare quantitative Originalarbeiten zu einem Thema: Wie konsistent sind die Effektrichtungen bzw. -stärken; lassen sich Verzerrungen finden (z. B. vermehrte Publikation statistisch signifikanter Unterschiede; *publication bias*) oder Moderatoren, also Drittvariablen, von denen ein Effekt in seiner Richtung oder Stärke abhängt? Zum Thema Leihmutterschaft liegt meines Wissens bislang nur eine Metaanalyse aus dem Bereich der Psychologie vor.[15]

Es fällt in der Zusammenschau der Studien auf, dass die meiste psychologische Forschung zum Thema Leihmutterschaft aus den USA (v. a. Kalifornien), UK und den Niederlanden sowie aus Israel und Australien kommt.[16] Wo Leihmütter in die Forschung einbezogen wurden, geht es meist um Leihmutterschaft, die im Land der Studiendurchführung selbst realisiert wurde; der Aspekt der

---

[15] Zanchettin et al. (2022).
[16] Forschende sind etwa Dana Berkowitz, Kim Bergman, Esther Rothblum (USA), Olga van den Akker, Susan Golombok, Fiona Tasker, Vasanti Jadva (UK), Henny Bos, Henrike Peters (Niederlanden), Pedro Costa (Portugal), Nicola Carone (Italien), Geva Shenkman (Israel) und Damian Riggs (Australien).

transnationalen Leihmutterschaft („Leihmutterschafts-Tourismus") ist mit Ausnahme indischer Studien unterbelichtet.[17] Keine einzige genuin psychologische Originalstudie aus Deutschland ist mir bekannt.[18]

Generell ist die Qualität der vorliegenden Studien suboptimal.[19] Es liegt ein Mangel an längsschnittlicher Forschung mit Kontrollgruppendesign und hinreichend großen Stichproben vor. Letztere sind aufgrund der geringen Basisraten allerdings kaum realisierbar. Gerade deshalb und wegen des noch neuen Forschungsgegenstands erscheint ein *mixed methods approach* sinnvoll, also die Kombination quantitativer und qualitativer Methoden. Auch dieser ist eher selten; es dominieren quantitative *oder* qualitative Ansätze. Das heißt aber *nicht*, dass es *keine* hochwertige Forschung gibt. Beispielhaft seien die Studien der Arbeitsgruppe von Susan Golombok an der Universität Cambridge genannt.[20]

4 Generativitätsbedürfnis der Wuscheltern

Zunächst ist da also ein Paar, seltener auch ein Individuum, das sich ein Kind wünscht – d. h. eine Familie gründen will.[21] Wir sprechen vom *Generativitäts*bedürfnis. Damit gemeint ist im engeren Sinne das Bedürfnis, Nachkommen

---

[17] S. hierzu Inhorn und Patrizio (2015); Whittaker et al. (2019).

[18] Für eine ethnologische Perspektive, s. König (2018). Die Ethnologin und Soziologin Anika König, zurzeit an der Universität Luzern, beschäftigt sich in ihrer aktuellen (qualitativen Feld-) Forschung mit der Beauftragung einer Leihmutter durch Wuscheltern aus dem deutschsprachigen Raum. Der Schwerpunkt liegt auf der „Durchführung von Leihmutterschaften in den USA, Asien und Osteuropa, und hierbei insbesondere auf den Erfahrungen der Wuscheltern und ihren Interaktionen mit Agenturen, Leihmüttern, Ärzten, Kliniken und Anwälten" (Homepage König).

[19] Zu einer ähnlichen Einschätzung kommen etwa Gunnarsson Payne et al. (2020) und Schölmerich (2018).

[20] Zum Überblick s. Golombok (2021). Die Ausgangsstichprobe der *UK Longitudinal Study of Assisted Reproduction Families* besteht aus jeweils ca. 50 Eltern, deren Kinder um das Jahr 2000 geboren wurden, entweder per heterologer Samenspende, auto-/heterologer Eizellspende oder Leihmutterschaft, dazu 80 Eltern, deren Kinder natürlich geboren wurden. Die Familien wurden wiederholt – je nach Altersstufe der Kinder bzw. Jugendlichen – mittels quantitativer wie qualitativer Maße untersucht.

[21] Familie wird hier verstanden als eine intergenerationelle Verantwortungsgemeinschaft von (meist genetisch verwandten) Eltern und Kindern (zumeist in einem gemeinsamen Haushalt).

zu zeugen und aufzuziehen.[22,23] Dieses Bedürfnis ist eng mit der Natur des Menschen verbunden: mit seiner Geschlechtlichkeit und Fortpflanzung. Das Generativitätsbedürfnis sollte aber nicht auf die Biologie reduziert, sondern als Zusammenspiel von Natur und Kultur verstanden werden.

Kultureinflüsse beziehen sich etwa darauf, inwieweit Elternschaft zur *Normalbiografie* gehört[24] oder welcher Stellenwert Kindern in einer Gesellschaft zukommt *(value of children approach*[25]*)*.[26] Vor dem Hintergrund der Natur-Kultur-Interaktion haben Menschen ein unterschiedlich motiviertes und unterschiedlich stark ausgeprägtes, mitunter auch ein *nicht* vorhandenes Generativitätsbedürfnis.[27]

Kinderlosigkeit kann gewollt oder ungewollt sein. Um ungewollte Kinderlosigkeit geht es hier, um ein unerfülltes Generativitätsbedürfnis. Man denke an ein schwules Paar, das aus *biologischen* Gründen keine eigenen Kinder haben kann, oder an ein heterosexuelles Paar, bei dem ihr oder ihm aus *medizinischen* Gründen keine Elternschaft möglich ist, etwa aufgrund anatomischer Anomalien der Fortpflanzungsorgane, schlechter Gametenqualität oder einer tumorbedingten Gebärmutter- oder Hodenentfernung. Insgesamt reden wir von einer beachtlichen Gruppe ungewollt Kinderloser: Es geht um etwa 10 % der deutschen Erwachsenen, Tendenz steigend.[28]

Ungewollte Kinderlosigkeit geht häufig mit großem Leidensdruck einher[29]: Betroffene quälen etwa Selbstwertzweifel und Niedergeschlagenheit sowie Schamgefühle und Sprachlosigkeit; Zeugungsfähigkeit und -erfolg werden

---

[22] Erikson (1980); McAdams und Logan (2004).

[23] Im weiteren Sinne bezieht sich Generativität auf jedwedes (z. B. edukatives, soziales, kulturelles, ökologisches) Engagement für nachfolgende Generationen.

[24] Habermas (2007); Kohli (1988).

[25] Mayer und Trommsdorff (2010); Nauck (2014).

[26] Zur *Normalbiografie*: Wird die Elternschaft gesellschaftlich erwünscht oder gar erwartet? Das kann man vor allem daran ermessen, inwieweit Normabweichung, d. h. Kinderlosigkeit, sozial abgelehnt oder gar verurteilt wird – bis hin zur Stigmatisierung von Kinderlosen. Zum *value of children approach:* Nachkommenschaft wird unterschiedlich bewertet. Werden Kinder etwa primär unter dem Gesichtspunkt der Altersversorgung, d. h. als Bestandteil des Generationenvertrags wahrgenommen – oder als Quelle elterlicher Lebenserfüllung und Sinngebung?.

[27] Schließlich gibt es auch *erweiterte* Formen biologischer Generativität (z. B. familiäres Engagement als Tante oder Onkel) und, wie bereits erwähnt, *nicht*-biologische Formen der Generativität (z. B. Berufstätigkeit als Lehrerin oder ehrenamtliches Engagement für Kinder und Jugendliche).

[28] Bundesministerium für Familie, Senioren, Frauen und Jugend (2020).

[29] Für einen Überblick s. Greil et al. (2010); Strauß (2018).

schließlich damit assoziiert, eine „richtige Frau" bzw. ein „richtiger Mann" zu sein. Ungewollt Kinderlose ziehen sich oftmals sozial zurück und fühlen sich einsam; sie nehmen sich als die einzigen Kinderlosen inmitten einer Welt glücklicher Eltern bzw. Familien wahr.

Ungewollte Kinderlosigkeit ist häufig auch für das Paar selbst krisenhaft: Es kann zu wechselseitiger Enttäuschung und Schuldzuweisung kommen; oftmals wurde der Kinderwunsch aufgeschoben, und es fand ein schleichender Übergang von gewollter zu ungewollter Kinderlosigkeit statt. Paare berichten auch von einem Teufelskreis aus sexuellem Erfolgsdruck und Libidoverlust sowie physischer und psychischer Belastung durch Fertilitätsbehandlungen; der Erfolg letzterer wird häufig überschätzt, was die Bewältigung von Rückschlägen erschwert.

Vor diesem Hintergrund ist Leihmutterschaft eine Option, eigene Kinder zu haben – eigene Kinder „sogar" im genetischen Sinn. Die heute dominante gestationale Leihmutterschaft erlaubt es Wunscheltern, ihr „eigen Fleisch und Blut" weiterzugeben. Hiermit wird eine eher implizite Rangordnung unterschiedlicher Formen der Elternschaft angesprochen. Allgemeinhin gilt die traditionelle („natürliche", „leibliche") Elternschaft als die beste Form. Andere Formen werden dagegen abgewertet; Adoptiv- und Pflegeelternschaft etwa gelten für viele Menschen als Elternschaft „zweiter Klasse".[30] Das trifft auch, und wohl noch viel mehr, auf Leihmutterschaft zu; zusätzlich – und im Unterschied zu Adoptiv- und Pflegeelternschaft – wird sie auch *moralisch* infrage gestellt, nicht selten verurteilt: Der Kinderwunsch werde egoistisch auf Kosten einer Dritten realisiert.

Mit diesem Zweifel bzw. Urteil werden Wunscheltern *nolens volens* konfrontiert; und auch sie berichten häufig von moralischem Skrupel. Anderseits ermöglicht ihnen Leihmutterschaft, wenn schon keine biologische Elternschaft möglich ist, so doch „immerhin" eine genetische *und* soziale Elternschaft. Das ist tatsächlich ein Motiv pro Leihmutterschaft. Es wäre meines Erachtens allerdings zu kurz gegriffen, den Wunsch nach *genetisch verwandten* Kindern den Eltern vorzuwerfen; vielmehr spiegelt sich darin die beschriebene gesellschaftliche Bewertung unterschiedlicher Formen der Elternschaft – „Blut ist dicker als Wasser", heißt es sprichwörtlich.

Dabei sollte allerdings berücksichtigt werden, dass für Eltern, die eine Adoption in Betracht ziehen, dieser Weg häufig nicht erfolgversprechend erscheint. Es gibt nämlich ein Vielfaches an Menschen mit Adoptionswunsch in Relation zu Kindern, die zur Adoption freigegeben werden.[31] Ein weiteres Motiv pro

---

[30] Fisher (2003); Wegar (2000).
[31] Bovenschen et al. (2017).

Leihmutterschaft ist dementsprechend, dass eine an sich angestrebte Adoption unwahrscheinlich oder von vornherein unmöglich ist (z. B., weil die Wunscheltern zu alt sind).[32]

Wunscheltern schätzen an einer Leihmutterschaft insbesondere und gerade im Vergleich zur Adoption, dass sie geplant werden kann – ihnen somit ein Gefühl der Selbstwirksamkeit zurückgibt, dass sie nach oft jahrelanger Erfahrung der gescheiterten Elternschaft verloren haben. Und insbesondere schätzen sie die Möglichkeit, von Geburt an Eltern sein zu können. Häufig ist es sogar möglich, schon die Schwangerschaft der Leihmutter zu begleiten, ob im direkten Kontakt oder indirekt via Medienkontakt, und damit noch *vor* der Geburt für das Kind (und die Leihmutter) da sein zu können. Leihmutterschaft erlaubt es also den Wunscheltern, von Anfang an eine Bindung zum Kind aufzubauen.

Für Wunscheltern ist die Entscheidung pro Leihmutterschaft aber auch belastend. Die Auseinandersetzung mit ethischen Fragen, die Suche nach einer geeigneten Leihmutter bzw. einer seriösen Vermittlungsagentur, die Sorge, dass die Leihmutter die Entscheidung zur Leihmutterschaft nicht autonom getroffen hat, die Sorge um eine erfolgreiche Befruchtung und Einnistung[33], die Angst, das Baby nach der Geburt doch nicht zu bekommen, auch Angst vor Diskriminierung und juristischen Schwierigkeiten bei der Anerkennung der Elternschaft – das alles kommt zu den „normalen" Sorgen werdender Eltern hinzu.

Für Wunscheltern ist eine gute, vertrauensvolle Beziehung zur Vermittlungsagentur und vor allem zur Leihmutter vor, während und nach der Geburt zentral. Die Möglichkeit, die Schwangerschaft zu begleiten und einen engen Kontakt zur Leihmutter zu halten, nimmt ihnen viele der genannten Sorgen.

---

[32] Adoption wird von manchen Wunscheltern aber auch abgelehnt, weil eine genetische Vorbelastung bzw. eine durch die Schwangerschaft bedingte Vorschädigung des Kindes befürchtet wird (beide Ängste sind nicht völlig unbegründet). Pflegeeltern hingegen werden gesucht, wobei sich viele Wunscheltern diese Form der Elternschaft und Erziehung nicht zutrauen (die Kinder kommen in der Regel aus schwierigen Herkunftsfamilien und bringen oftmals einen besonderen Betreuungsbedarf mit) oder aus anderen Gründen ablehnen (es handelt sich nicht um Elternschaft im strengen Sinne, sondern um Vollzeitpflege, die oftmals einen engen Abstimmungsbedarf mit Behörden [Jugendamt, Familiengericht [und auch den leiblichen Eltern] [Umgangsrecht] erfordert und die Elternautonomie einengt).

[33] Abweichend vom internationalen Standard ist ein *elective single embryo transfer* (eSET) in Deutschland untersagt. Dabei wird ein einzelner Embryo mit hohem Entwicklungspotential ausgewählt und der künftigen (Leih-) Mutter in die Gebärmutter übertragen. Die Auswahl des Embryos erfolgt nach rein morphologischen Kriterien (z. B. Zellgröße und Zellteilung). Die genetische Ausstattung, wie Eigenschaften oder Geschlecht, wird dabei weder ausgewählt noch beeinflusst. Ziel der Methode ist es, gesundheitsgefährdende Mehrlingsschwangerschaften zu vermeiden, ohne dabei die Wahrscheinlichkeit einer Schwangerschaft zu verringern (das Gegenteil scheint der Fall).

Wenn das Kind dann geboren ist und von der Leihmutter an die Wunscheltern übergeben wird, beginnt die eigentliche Elternschaft/-arbeit, das *parenting*. Hinsichtlich vieler *parenting*-Kriterien schneiden Wunscheltern in Befragungen gut ab, eher ein bisschen besser als Vergleichsgruppen, also Eltern, deren Kinder natürlich oder mit anderen Mitteln der Fortpflanzungsmedizin gezeugt wurden.[34] Untersucht wurden positive Aspekte der Elternschaft *(positive parenting)*, etwa Bindungs- und Beziehungsqualität, Freude an der Elternschaft, elterliche Zusammenarbeit, wie auch negative Aspekte der Elternschaft, etwa Fremdheitsgefühle gegenüber dem Kind, Eltern-Kind-Konflikte, Belastung durch und Konflikte über die Elternarbeit sowie Überengagement *(negative parenting)*. Einziges Kriterium, in dem Wunscheltern etwas schlechter abschneiden, ist Überengagement.

Das ansonsten etwas bessere Abschneiden dürfte darauf zurückzuführen sein, dass bei Wunscheltern die Zeugung mit einem starken Kinderwunsch verknüpft ist und sie sich auf ihre Elternschaft gründlich vorbereiteten, dass sie ihre – trotz biologischer/medizinischer Hindernisse ermöglichte – Elternschaft wertschätzen und dafür dankbar sind, wohingegen Alltagsprobleme *(daily hazzles)* rund um die Kinderpflege und -erziehung an Gewicht verlieren. Insbesondere dürfte die gute elterliche Zusammenarbeit für *positive parenting* sorgen.

Insgesamt geht es den Wunscheltern gut – auch hier gilt: eher etwas besser als Vergleichsgruppen: Sie berichten über ein ausgeprägtes Wohlbefinden, über eine hohe Partnerschafts- und allgemeine Lebenszufriedenheit. Es gibt auch keine Hinweise darauf, dass sich Wunscheltern in ihrer Persönlichkeitsstruktur, insbesondere bzgl. Faktoren, die eng mit seelischer Gesundheit verbunden sind (z. B. emotionale Stabilität, Extraversion), oder in ihrer Sozialstruktur (v. a. Freundschafts-/Familienbeziehungen, Partnerschaftszufriedenheit) von traditionellen Eltern unterscheiden. Das ist relevant, weil Wunscheltern zuweilen eine mangelnde Reife unterstellt wird.

5   Autonomiebedürfnis der Leihmutter

Zur Autonomie des Menschen gehört, was spätestens seit der UN-Weltbevölkerungskonferenz 1994 in Kairo *reproduktive Autonomie* genannt wird: Menschen sollen frei sein in ihrer Entscheidung für oder gegen Elternschaft; sie sollen über die Anzahl und den Zeitpunkt der Geburt der Kinder selbst entscheiden können, und sie sollen über die dazu nötigen Informationen und Mittel

---

[34] Zum Überblick s. Zanchettin et al. (2022).

verfügen. Nun kann man Leihmutterschaft *mit Blick auf die Wuscheltern* als Ausdruck ihrer reproduktiven Autonomie betrachten; man kann – und sollte – aber auch die *Leihmutter* in den Blick nehmen und sich fragen, inwieweit Leihmutterschaft *ihre* reproduktive Autonomie bedroht oder gar verletzt. Um letztere, also die Autonomie der Leihmutter, soll es nun gehen.

Welche Motive bewegen Frauen zu Leihmutterschaft? Ist Leihmutterschaft frei gewählt oder eine Form der Ausnutzung und Ausbeutung von Frauen in schwierigen finanziellen oder familiären Situationen? Spätestens hier kommt man nicht umhin, unterschiedliche kulturelle Kontexte und damit Rechtssysteme zu berücksichtigen, in denen Leihmutterschaft realisiert wird. In manchen Ländern ist sie nur als altruistische Leihmutterschaft erlaubt, was eine finanzielle Entschädigung in der Regel einschließt, kommerzialisierter Leihmutterschaft aber vorbeugen soll. Das heißt, dass in der Rechtsordnung bereits das Motiv, nämlich Altruismus, als Voraussetzung der Legalität von Leihmutterschaft gesetzt ist. Das schließt Motivforschung nicht aus, muss aber bei der Interpretation der Befunde beachtet werden.

Tatsächlich geben viele Leihmütter an, dass sie Menschen helfen möchten, die selbst nicht oder nicht mehr Eltern werden können;[35] sie wollen auch Kindern in bestehenden Familien ein Geschwisterkind schenken. Es gibt also eine große Empathie für Paare oder Personen, die ungewollt kinderlos sind. Viele Leihmütter wollen – insoweit sie bereits Mütter sind – ihr Glück der Elternschaft mit Menschen (v. a. Frauen) teilen, denen dieses versagt ist.

Altruistische Motive werden – das überrascht nicht – dort primär genannt, wo diese rechtlich vorgeschrieben sind (z. B. UK), aber auch dort, wo kommerzielle Motive nicht illegal sind (z. B. Kalifornien). Leihmutterschaft ist durchaus *auch* kommerziell motiviert. Wir finden aber keine Hinweise auf *vorrangig* oder gar *ausschließlich* kommerzielle Motive – selbst dort nicht, wo kommerzielle Motive eine stärkere Rolle spielen (z. B. Indien). Manche Leihmütter, die bereits ein Kind zur Welt gebracht haben, nennen auch den Wunsch, noch einmal eine – offensichtlich positive erinnerte – Schwangerschaft zu erleben.

Die Motivation zu Leihmutterschaft wird verstärkt durch die Begegnung mit Menschen, die unter ungewollter Kinderlosigkeit leiden, und die Begegnung mit Frauen, die bereits Leihmütter sind. Erfahrungsberichte anderer Wuscheltern und Leihmütter in sozialen Medien spielen ebenfalls eine wichtige Rolle. Gerade am Anfang, in der Entscheidungsphase, aber auch während der Schwangerschaft, ist es wichtig, dass vorhandene Partner Leihmütter unterstützen. Eigenen Kindern

---

[35] Zum Überblick s. Kneebone et al. (2022).

sollte Leihmutterschaft gut erklärt werden und sie sollten in die Schwangerschaft miteinbezogen werden.

Im eigenen Narrativ der Leihmutter ist das Kind, das sie austrägt, nicht *ihr* Kind; die Schwangerschaft ist ein Geschenk für eine andere Frau bzw. ein anderes Paar. Dieses mentale Modell von Leihmutterschaft ist für das Selbstverständnis der Leihmutter, aber auch für die Selbsterklärung gegenüber anderen zentral – dies auch im Hinblick auf die Übergabe des Kindes an die Wunscheltern.

Vor diesem Hintergrund ist den meisten Leihmüttern der Kontakt zu den Wunscheltern wichtig – von Beginn der Schwangerschaft an. Wenn kein direkter Kontakt möglich ist, so bleibt doch der indirekte mittels sozialer Medien. Die allermeisten Leihmütter berichten über eine positive Beziehung mit den Wunscheltern. Diese werden nicht selten als erweiterte Familie oder neue Freunde beschrieben; so nehmen Leihmütter die Wunschmutter mitunter als eine (in der Regel: ältere) Schwester oder Freundin wahr.

In manchen Ländern haben Vermittlungsagenturen bzw. Geburtskliniken den Kontakt zwischen Leihmüttern und Wunscheltern unterbunden; das war eine sehr problematische Praxis. Sie wurde etwa aus Indien oder Russland berichtet – Ländern, in denen transnationale Leihmutterschaften inzwischen verboten wurde bzw. nicht mehr realisiert wird. Auch die Praxis, dass Leihmütter während der zweiten Schwangerschaftshälfte gesondert wohnen und das Kind fernab der Heimat entbinden (so in Indien vorgekommen), ist problematisch, wenngleich manche Frauen dieses Vorgehen als Schutz vor Stigmatisierung schätzen.

Belastend während der Schwangerschaft wird die Sorge um die Gesundheit des Kindes und um die eigene Gesundheit erfahren, dies vor dem Hintergrund der Verantwortung, mitunter Verpflichtung gegenüber den Wunscheltern. Physisch-gesundheitliche Risiken der Leihmutterschaft (z. B. Fehl- und Frühgeburt, geringes Geburtsgewicht, Fehlbildungen) gelten – wie dies für In-Vitro-Fertilisation allgemein zutrifft und wesentlich auf die erhöhte Anzahl von Mehrlingsschwangerschaften zurückgeht – als leicht erhöht, aber medizinisch vertretbar.[36] Belastend wird insbesondere soziale Diskriminierung erfahren, wo diese erlebt wird.[37]

Ein sicherlich entscheidender Moment ist die Übergabe *(relinquishment)* des Kindes unmittelbar nach der Geburt. Ich würde die Befundlage folgendermaßen beschreiben: Relativ *wenige* Frauen berichten über *moderate* Probleme der Übergabe; die Quote scheint höher zu sein, wenn es sich um genetische – also nicht, wie heute üblich, gestationale – Leihmutterschaften handelt.

---

[36] Söderström-Anttila et al. (2016); Yau et al. (2021).

[37] Arvidsson et al. (2017); Khvorostyanov und Yeshua-Katz (2020).

Aufseiten der Leihmütter finden wir – auch im Längsschnitt – keine Hinweise auf erhöhte Selbstwertprobleme oder depressive Symptome. Die Prävalenz der Wochenbettdepression bewegt sich im Normbereich. Auch allgemeine Screenings von Anpassungs- und Persönlichkeitsstörungen finden keine Auffälligkeiten. Es gibt keine Hinweise auf Bindungsschwierigkeiten der Leihmütter mit den eigenen Müttern. Es könnte angenommen werden, dass sich vor allem solche Frauen für eine Leihmutterschaft entscheiden, die selbst Bindungsprobleme haben. Das trifft aber nicht zu. Die berichtete Partnerschafts- und Familienqualität von Leihmüttern unterscheidet sich nicht von denjenigen traditioneller Mütter. Diese Befunde spiegeln sicher auch eine gewisse Qualität der Auswahl von Leihmüttern durch Vermittlungsagenturen.[38]

6 Bindungsbedürfnis des Kindes

Kinder haben ein angeborenes Bedürfnis nach Bindung *(attachment)*, nach physischer und emotionaler Nähe zu Bezugspersonen.[39] Das sind meist die Eltern – traditionell eher die Mutter als der Vater, aber das kann auch umgekehrt sein. In den ersten sechs Lebenswochen nach der Geburt können die Bezugspersonen noch wechseln, ohne dass sich dies nachteilig auf die kindliche Entwicklung auswirkt. Es scheint dann allerdings eine *sensible Phase* zu beginnen, die bis zur Vollendung des ersten Lebensjahrs andauert, in der sich eine – im günstigen Fall – *sichere Bindung* zwischen Kind und Bezugsperson/en entwickelt. Sensible Phase bedeutet, dass eine entsprechende Entwicklung jenseits des Zeitfensters deutlich schwieriger bzw. weniger wahrscheinlich ist.

Eine sichere Bindung[40] hat Auswirkungen auf andere Entwicklungsbereiche, insbesondere das Explorationsverhalten und das erweiterte Sozialverhalten – also darauf, wie das Kind zunehmend selbständig die Welt erkundet (Elternbindung

---

[38] Leihmütter sind meist in den Endzwanzigern und frühen Dreißigern; ihre Einkommenslage ist eher durchschnittlich als prekär; *women of color* sind unterrepräsentiert; sie stimmen eher progressiven politischen Positionen zu, etwa zu *LGBT issues* (Ciccarelli and Beckman, 2005).

[39] Ainsworth et al. (1978); Bowlby (1988); für einen Überblick s. Bretherton (1992).

[40] Eine sichere Bindung im Kindesalter wird diagnostisch mittels Verhaltensbeobachtung über die kindliche Toleranz der kurzzeitigen Abwesenheit der Bezugsperson (Erregung und Weinen, kein Trost durch Dritte) und Reaktion bei Wiedersehen festgestellt (Suche nach Nähe, schnelle Beruhigung). Andere Bindungstypen sind der unsicher-vermeidende und unsicher-ambivalente.

als „sicherer Hafen") und Beziehungen zu anderen Menschen eingeht und aufrechterhält („langer Arm" der Elternbindung). Für die kindliche Entwicklung ist eine sichere Bindung zu einer oder mehreren Bezugspersonen also zentral, was sich auch an Zusammenhängen zwischen kindlichen und erwachsenen Bindungsmustern zeigt.[41] Nochmals: Bezugspersonen müssen nicht die leiblichen Eltern sein, es können auch die Adoptiveltern sein, wie Studien gut belegen; analog: dies muss nicht die Leihmutter sein, dies können auch die Wunscheltern sein.

Wie sieht es mit der *vor*geburtlichen Bindung des Kindes an die Eltern – und das heißt ja im Wesentlichen: an die Mutter – aus? Die Frage ist insofern relevant, als dass zuweilen gegen Leihmutterschaft eingewendet wird, dass nicht nur den (Wunsch-) Eltern die vorgeburtliche Bindung an das Kind fehle (ich bin darauf bereits eingegangen), sondern auch dem ungeborenen Kind die Bindung an die (Leih-) Mutter. Allgemein ist zur *vor*geburtlichen Bindung an die Mutter wenig bekannt. Aufgrund der Offenheit des Neugeborenen für seine Bezugsperson ist es aber unwahrscheinlich – aus evolutionären Gründen auch unplausibel –, dass sich vorgeburtlich eine besondere emotionale Bindung zwischen Kind und Mutter entwickelt. Sicher gibt es ab dem dritten Trimester bemerkenswerte Lernvorgänge: Rekognitionsexperimente unmittelbar nach der Geburt legen etwa nahe, dass der Säugling die Sprache der Mutter wiedererkennt. Die kognitive Kindesentwicklung beginnt also bereits im Mutterleib. Aber Embryonen entwickeln noch keine emotionale Bindung zur Mutter, so der Wissensstand heute.[42]

Insgesamt finden wir (nachgeburtlich) keine Defizite der Bindungsentwicklung;[43] das zeigen uns Querschnittsanalysen von Kindern aus Leihmutterschaft (auch im Erwachsenenalter), die mit einer Kontrollgruppe verglichen wurden, aber auch Längsschnittstudien von Kindern aus Leihmutterschaft über einen Zeitraum von 16 Jahren nach der Geburt. Im Gegenteil, Arbeiten von Nicola Carone[44] bestätigen das Bild, das wir aus Studien mit Kindern aus anderen Formen der assistierten Elternschaft haben: dass Kinder aus einer Leihmutterschaft nicht weniger sicher an ihre sozialen Eltern (nämlich schwule Väter) gebunden sind; die Vergleichsgruppen waren lesbische Mütter, die ein Kind mittels Samenbank zeugten, und heterosexuelle Eltern, die ihr Kind traditionell zeugten.

Weitere zentrale Aspekte deuten auf eine gesunde psychosoziale Entwicklung der Kinder hin[45]: 1) kognitive Entwicklung (Intelligenz und Sprache),

---

[41] Fraley (2019); Mikulincer und Shaver (2007).
[42] Vgl. Schölmerich (2018).
[43] Zum Überblick s. Tepletzky Carneiro et al. (2022).
[44] Carone (2022); Carone, Baiocco et al. (2020a).
[45] S. weiterhin Tepletzky Carneiro et al. (2022).

2) emotionale Entwicklung (Fähigkeit der Emotionsregulation), 3) soziale Entwicklung (Quantität und Qualität von Freundschaften). Und auch wenn wir auf Entwicklungs*störungen* schauen, finden wir diese weder vermehrt auf der Seite internalisierender Störungen (z. B. Angst, Depression) noch auf der Seite externalisierender Störungen (z. B. Aggression, Drogenkonsum).

Ein wichtiger Punkt ist die Aufklärung der Kinder über die Art ihrer Zeugung. Für schwule Eltern ist diese Aufklärung aus offensichtlichen Gründen unumgänglich, sobald Kinder erstes Wissen über Geschlechtlichkeit und Fortpflanzung haben. Heterosexuelle Eltern tun sich schwerer; gerade die männliche Unfruchtbarkeit scheint ein Tabu zu sein. Es gibt meines Wissens keine Forschung zu Effekten der Nicht-Aufklärung – einfach, weil jene Eltern, die an Studien teilnehmen, mit ihren Kindern auch über ihre Art der Zeugung reden (was ja zwingend notwendig ist, wenn die Kinder aktiv an Forschungsprojekten beteiligt werden). Es gibt inzwischen Evidenz, dass eine schon frühzeitige Aufklärung im frühen Grundschulalter einer positiven Eltern-Kind-Beziehung förderlich ist.[46]

Die Aufklärung der Kinder – das Wissen um die eigene Herkunft und ein Verständnis der elterlichen Beweggründe – ist auch ein Resilienzfaktor.[47] Gerade aus Studien zu lesbischer/schwuler Elternschaft ist bekannt, dass Kinder, die Bescheid wissen über ihre Herkunft, auch stark sind, wenn sie von anderen Kindern deswegen verspottet oder gar ausgegrenzt werden. Sie können sich und ihre Familie gegenüber anderen erklären und, wenn es darauf ankommt, auch verteidigen. Sie sind auch sozial besser eingebunden, d. h. eher mit Gleichaltrigen befreundet, die ihnen – wenn nötig – solidarisch zur Seite stehen.

7 Leihmutterschaft zwischen Sein und Sollen

Ein kurzes Fazit: Leihmutterschaft

- ermöglicht es kinderlosen Menschen, generativ zu sein; und die meisten Wunscheltern erfüllen das Generativitätsbedürfnis verantwortungsbewusst in dem Sinne, dass sie gute Eltern sind;
- untergräbt nicht per se die Autonomie der Leihmutter; vielmehr berichten die meisten Leihmütter (auch) über altruistische Motive und eine selbstbestimmte Entscheidung pro Leihmutterschaft;

---

[46] Golombok et al. (2011); Carone, Barone et al. (2020b).
[47] Carone et al. (2021); Messina und Brodzinsky (2020).

- gefährdet nicht per se eine sichere Bindung des Kindes; vielmehr zeigen die meisten Kinder eine gute Elternbeziehung und eine nicht auffällige psychosoziale und kognitive Entwicklung.

Aus der Tatsache, dass es Kindern, die aus einer Leihmutter entstanden sind, nicht schlechter geht als Kindern, die traditionell gezeugt und ausgetragen wurden, folgt *nicht* – jedenfalls nicht zwangsläufig – eine positive ethische Bewertung von Leihmutterschaft. Denn es können andere Argumente als empirische zählen, beispielsweise feministische[48] oder religiöse[49] Argumente. Und auch wenn es umgekehrt so wäre, dass es Kindern, die von Leihmüttern geboren wurden, schlechter ginge, folgte daraus *keine* zwangsläufig negative ethische Bewertung von Leihmutterschaft per se. Denn ob es gelingen könnte, Umstände für eine optimale Entwicklung dieser Kinder zu schaffen (z. B. durch den Ausbau der Erziehungsberatung oder die Bekämpfung von Vorurteilen), wäre zu prüfen. Diese Denkfigur könnte man, so meine ich, auf die anderen Beteiligten – Leihmütter und Wunscheltern – übertragen.

Derartige Überlegungen zeigen aufs Neue, dass Sein- und Sollen-Aussagen zu unterscheiden sind.[50] Und dennoch hängen letztere konzeptuell wie empirisch zusammen: Was einem Menschen nicht möglich ist – nicht einmal unter besten Bedingungen –, kann auch nicht von ihm gefordert werden; was von Menschen gefordert wird, können wir in der Regel auch empirisch gehäuft feststellen; was wir häufig feststellen, ist menschlichem Leben und Zusammenleben in der Regel auch förderlich usw.

Wenn wir Leihmutterschaft nicht kategorisch ablehnen, dann können wir – und dies gestützt auf empirisches Wissen über Leihmutterschaft – nach Bedingungen

---

[48] Andererseits könnte man aus feministischer Sicht auch auf eine gewisse Ungleichbehandlung hinweisen: dass die Spermienspende in Deutschland erlaubt, die Eizellspende hingegen verboten ist. Während unfruchtbare Männer mittels heterologer Spermienspende Väter werden können, ist Frauen, die keine eigenen Eizellen (mehr) bilden können, die Mutterschaft aufgrund des Verbots der heterologen Eizellspende verwehrt.

[49] Andererseits könnte Leihmutterschaft gerade religiös motiviert, etwa Ausdruck christlicher Nächstenliebe *(caritas)* sein – was tatsächlich auch der Fall ist, wie kalifornische Studien zeigen.

[50] Als naturalistischer Fehlschluss *(naturalistic fallacy)* wird der Versuch bezeichnet, aus Sein-Aussagen (Menschen zeugen Kinder auf natürliche Weise – per Geschlechtsverkehr) Sollen-Aussagen abzuleiten (Nur die natürliche Zeugung darf erlaubt sein; künstliche Zeugung ist ethisch abzulehnen). Der naturalistische Fehlschluss wurde von Moore in seiner *Principia ethica* beschrieben (aber auch schon von Hume und Kant behandelt).

fragen, wie diese möglichst verantwortungsvoll umgesetzt werden kann.[51] „Möglichst verantwortungsvoll" bedeutet auch, dass wir empirisch – im Sinne von Begleitforschung – untersuchen, inwieweit Leihmutterschaft den Bedürfnissen des Kindes, der Leihmutter und der Wuncheltern gerecht wird – einen Nutzen hat, jedenfalls *keinen Schaden*.[52] Denn psychologische Befunde spiegeln – wie sozialwissenschaftliche Befunde allgemein – keine Naturgesetze, sondern soziale Bedingungen und Möglichkeiten an einem bestimmten Ort zu einer bestimmten Zeit und sind insofern kontingent, müssen also immer wieder validiert werden.

Wir könnten uns also – gestützt auf empirisches Wissen – um eine Regelung bemühen, die einen möglichst harmonischen Dreiklang erzeugt – aus dem Generativitätsbedürfnis der Wuncheltern, dem Autonomiebedürfnis der Leihmutter und dem Bindungsbedürfnis des Kindes. Mit diesen Überlegungen will ich schließen; dabei überschreite ich aber die Position des Empirikers. Im Folgenden habe ich überblicksartig einige Kriterien aufgeführt, die in eine Regelung der Leihmutterschaft einfließen könnten.

- *Begrenzung auf gestationale (vs. genetische) Leihmutterschaft:* Gestationale Leihmutterschaft ermöglicht ein mentales Modell der Leihmutterschaft als Geschenk eines genetisch nicht verwandten Kindes und erleichtert somit die Übergabe an die Wuncheltern.[53]
- *Biologische/medizinische Indikation aufseiten der Wuncheltern:* Leihmutterschaft sollte als Hilfe für Paare/Personen in einer Notsituation aufgrund eines unerfüllten Kinderwunsches (Leidensdruck) verstanden werden.[54]

---

[51] Im angelsächsischen Bereich kristallisiert sich als interdisziplinäres Fach die „empirisch informierte Ethik" heraus: „Hierbei geht es um Forschungsansätze, in denen man empirische Annahmen in ethischen Theorien mit Ergebnissen empirischer Studien konfrontiert, um die Plausibilität ethischer Theorien zu prüfen und ein neues Licht auf ... [ethische] Kontroversen zu werfen" (Musschenga, 2009: 189). Im Hinblick auf Leihmutterschaft geht es etwa darum zu prüfen, inwieweit das Kindeswohl tatsächlich durch sie gefährdet wird; auf dieser Annahme basiert die Verbotsbegründung im Embryonenschutzgesetz.

[52] Hier spiele ich an auf die vier medizinethischen Prinzipien nach Beauchamp und Childress (1979): (1) Autonomie respektieren (inkl. *informed consent*), (2) Schaden vermeiden *(nonmaleficence)*, (3) Gutes bewirken *(benificence)*, (4) Gerechtigkeit wahren.

[53] Dies entspricht auch den Empfehlungen der *American Society for Reproductive Medicine* (2022).

[54] Dies vor dem Hintergrund, dass Leihmutterschaft im Sinne reproduktiver Autonomie eine Option für *unfreiwillig Kinderlose* sein kann. Die Autonomie einer Person endet, wo einer anderen Person Schaden entsteht – oder mit einer gewissen Wahrscheinlichkeit droht. Da Leihmutterschaft immer mit gesundheitlichen Risiken für die Leihmutter verbunden ist (wie dies für Schwangerschaft im Allgemeinen zutrifft, wobei sich Schwangerschaftsrisiken durch

- *Prävention der Kommerzialisierung von Leihmutterschaft:* Um die Ausnutzung finanzieller Notlagen von Frauen auszuschließen, sollte die Höhe einer finanziellen Entschädigung, evtl. auch die Anzahl möglicher Leihmutterschaften pro Frau, geregelt werden.
- *Beratung bzw. Begutachtung:* Wunscheltern und Leihmütter müssen Zugang zu umfassender – d. h. rechtlicher, medizinischer und psychosozialer – Beratung haben. Die Begutachtung der Eignung zur Leihmutterschaft bzw. Elternschaft muss näher zu bestimmenden professionellen Standards entsprechen.
- *Zertifizierung von Beratungsstellen, Vermittlungsagenturen und Kliniken:* Daher sind die entsprechenden Beratungsstellen, Vermittlungsagenturen und Kliniken zu zertifizieren: Können sie eine näher zu bestimmende Beratungs-, Begutachtungs-, Betreuungs- und Behandlungsqualität gewährleisten?
- *Informierte Einwilligung der Leihmutter:* Dieser medizinische Standard setzt aufgrund der Neuheit und Komplexität von Leihmutterschaft eine möglicherweise verpflichtende, jedenfalls professionelle Beratung voraus. Es könnte sinnvoll sein, die informierte Einwilligung an die Erfahrung von Schwangerschaft, Geburt und Mutterschaft zu koppeln.
- *Gesundheitsschutz von Leihmutter und Kind:* Die Gesundheitsversorgung (aufseiten der Leihmutter: auch in psychischer Hinsicht) muss ab der Schwangerschaft als Versicherungsleistung gewährleistet sein.
- *Vor-/nachgeburtliche Kontaktmöglichkeit für Wunscheltern und Leihmutter:* Ein solcher Kontakt reduziert für beide Seiten Belastungen und Unsicherheiten, die mit einer Leihmutterschaft verbunden sind.
- *Recht auf Kenntnis der biologischen und genetischen Herkunft:* Auch dieser Standard heutiger Reproduktionsmedizin ist einzuhalten.
- *Begleitforschung:* Wenn Leihmutterschaft nicht per se gut oder schlecht ist; sondern mehr oder weniger gut umgesetzt werden kann, muss ihre Praxis wissenschaftlich beforscht und ggf. verbessert werden. Diesen Punkt möchte ich wiederholen, auch weil Deutschland bezüglich empirischer Forschung zu Leihmutterschaft international hinterherhängt.

IVF um den Faktor 1,3 erhöhen), muss mit ihr verantwortlich umgegangen werden. Das bedeutet, dass Einzelpersonen bzw. Paare, denen eine natürliche Zeugung möglich ist, diesen Weg auch wählen sollten. Eine Ablehnung einer *eigenen* Schwangerschaft aus Gründen der Körperästhetik (Vermeidung von „Schwangerschaftsspuren") oder Lebensführung (Priorisierung der Berufskarriere) wäre also ethisch nicht vertretbar; vielmehr sollte aus medizinischen (z. B. fehlende Gebärmutter) oder biologischen Gründen (z. B. schwules Paar) eine natürliche Zeugung ausgeschlossen sein.

Insgesamt sehe ich die Möglichkeit, durch die Regelung von Leihmutterschaft in Deutschland die Inanspruchnahme von Leihmutterschaft im Ausland zu reduzieren – um somit der m. E. größten Gefahr von Leihmutterschaft zu begegnen: der Ausnutzung von Frauen in prekären Verhältnissen. Wenn Leihmutterschaft innerhalb des deutschen Rechtssystems geschieht, haben wir diesbezüglich Präventions- und Sanktionsmöglichkeiten. Und schließlich brächte eine verantwortungsvolle Legalisierung von Leihmutterschaft mehr Rechtssicherheit für alle Beteiligten.

Literatur

(a) Verwendete Überblicksartikel *(Reviews)*

Tepletzky Carneiro, F. A., et al. (2022): Are the children alright? A systematic review of psychological adjustment of children conceived by assisted reproductive technologies. European Child & Adolescent Psychiatry. Advance online publication.

Ciccarelli, J. C., Beckman, L. J. (2005): Navigating rough waters: an overview of psychological aspects of surrogacy. Journal of Social Issues, 61(1). S. 21–43.

Edelmann, R. J. (2004): Surrogacy: The psychological issues. Journal of Reproductive and Infant Psychology, 22(2). S. 123–136.

Gunnarsson Payne, J., Korolczuk, E., Mezinska, S. (2020): Surrogacy relationships: A critical interpretative review. Upsala Journal of Medical Sciences, 125(2). S. 183–191.

Kneebone, E., Beilby, K., Hammarberg, K. (2022): Experiences of surrogates and intended parents of surrogacy arrangements: a systematic review. Reproductive Biomedicine Online, 45(4), 815–830.

Ruiz-Robledillo, N., Moya-Albiol, L. (2016): Gestational surrogacy: Psychosocial aspects. Psychosocial Intervention, 25(3). S. 187–193.

Söderström-Anttila, V., et al. (2016): Surrogacy: outcomes for surrogate mothers, children, and the resulting families: A systematic review. Human Reproduction Update, 22(2). S. 260–276.

Van den Akker, O. B. (2007): Psychosocial aspects of surrogate motherhood. Human Reproduction Update, 13(1). S. 53–62.

Yau, A., et al. (2021): Medical and mental health implications of gestational surrogacy. American Journal of Obstetrics and Gynecology, 225(3). S. 264–269.

Zanchettin, L., et al. (2022): The quality of parenting in reproductive donation families: A meta-analysis and systematic review. Reproductive Biomedicine Online, 45(6). S. 1296–1312.

(b) Weitere verwendete Literatur

Abrams, P. (2015): The bad mother: Stigma, abortion, and surrogacy. Journal of Law, Medicine & Ethics, 43(2). S. 179–191.
Ainsworth, M. D. S., et al. (1978): Patterns of attachment: A psychological study of the strange situation. Erlbaum.
American Society for Reproductive Medicine (2022): Recommendations for practices using gestational carriers: A committee opinion.
Arvidsson, A., Vauquline, P., Johnsdotter, S., Essén, B. (2017): Surrogate mother – praiseworthy or stigmatized: A qualitative study on perceptions of surrogacy in Assam, India. Global Health Action, 10(1). S. 1–10.
Beauchamp, T. L., Childress, J. F. (1979): Principles of biomedical ethics. Oxford University Press.
Berkowitz, D. (2020): Gay men and surrogacy. In A. E. Goldberg, K. R. Allen (Hrsg.), LGBTQ-parent families: Innovations in research and implications for practice. Springer. S. 143–160.
Bovenschen, I., et al. (2017): Empfehlungen des Expertise- und Forschungszentrums Adoption zur Weiterentwicklung des deutschen Adoptionswesens und zu Reformen des deutschen Adoptionsrechts.
Bowlby, J. (1988): A secure base: Parent-child attachment and healthy human development. Basic Books.
Bretherton I. (1992): The origins of attachment theory: John Bowlby and Mary Ainsworth. Developmental Psychology, 28(5). S. 759–775.
Bundesministerium für Familie, Senioren, Frauen und Jugend (2020): Ungewollte Kinderlosigkeit 2020: Leiden – Hemmungen – Lösungen. Online unter: https://www.bmfsfj.de/bmfsfj/service/publikationen/ungewollte-kinderlosigkeit-2020-161020 [zuletzt eingesehen: 15.09.23].
Carone, N. (2022): Family alliance and intergenerational transmission of coparenting in gay and heterosexual single-father families through surrogacy: Associations with child attachment security. International Journal of Environmental Research and Public Health, 19(13). Artikelnr. 7713.
Carone, N., et al. (2020a): Child attachment security in gay father surrogacy families: Parents as safe havens and secure bases during middle childhood. Attachment & Human Development, 22(3). S. 269–289.
Carone, N., et al. (2020b): Children's exploration of their surrogacy origins in gay two-father families: Longitudinal associations with child attachment security and parental scaffolding during discussions about conception. Frontiers in Psychology, 11. Artikelnr. 112.
Carone, N., et al. (2021): Factors associated with behavioral adjustment among school-age children of gay and heterosexual single fathers through surrogacy. Developmental Psychology, 57(4). S. 535–547.
Erikson, E. H. (1980): Identity and the life cycle. Norton & Company.
Fisher, A. P. (2003): Still "not quite as good as having your own"? Toward a sociology of adoption. Annual Review of Sociology, 29. S. 335–361.
Fraley, R. C. (2019): Attachment in adulthood: Recent developments, emerging debates, and future directions. Annual Review of Psychology, 70. S. 401–422.

Golombok, S. (2021): Love and truth: What really matters for children born through third-party assisted reproduction. Child Development Perspectives, 15(2). S. 103–109.
Golombok, S., et al. (2011): Families created through surrogacy: Mother-child relationships and children's psychological adjustment at age 7. Developmental Psychology, 47(6). S. 1579–1588.
Greil, A. L., Slauson-Blevins, K., McQuillan, J. (2010): The experience of infertility: A review of recent literature. Sociology of Health & Illness, 32(1). S.140–162.
Habermas, T. (2007): How to tell a life: The development of the cultural concept of biography. Journal of Cognition and Development, 8(1). S. 1–31.
Horsey, K., et al. (2022): UK surrogates' characteristics, experiences, and views on surrogacy law reform. International Journal of Law, Policy, and the Family, 36(1), ebac030.
Inhorn, M. C., Patrizio, P. (2015): Infertility around the globe: New thinking on gender, reproductive technologies, and global movements in the 21st century. Human Reproduction Update, 21(4). S. 411–426.
Khvorostyanov, N., Yeshua-Katz, D. (2020): Bad, pathetic, and greedy women: Expressions of surrogate motherhood stigma in a Russian online forum. Sex Roles, 83(7–8). S. 474–484.
Kohli, M. (1988): Normalbiographie und Individualität Zur institutionellen Dynamik des gegenwärtigen Lebenslaufregimes. In H.-G. Brose, B. Hildenbrandt (Hg.), Vom Ende des Individuums zur Individualität ohne Ende. Budrich. S. 33–53.
König, A. (2018): Parents on the Move: German intended parents' experiences with transnational surrogacy. In S. Mitra, S. Schicktanz, T. Patel (Hg.), Cross-cultural comparisons on surrogacy and egg donation. Palgrave Macmillan. S. 277–288.
Kreß, H. (2022): Leihmutterschaft. Online unter: https://www.socialnet.de/lexikon/29243 [zuletzt eingesehen: 15.09.23].
Leopoldina (2019): Fortpflanzungsmedizin in Deutschland: Für eine zeitgemäße Gesetzgebung.
Mayer, B., Trommsdorff, G. (2010): Adolescents' value of children and their intentions to have children: A cross-cultural and multilevel analysis. Journal of Cross-Cultural Psychology, 41(5-6). S. 671–689.
McAdams, D. P., Logan, R. L. (2004): What is generativity? In E. de St. Aubin, D. P. McAdams, T.-C. Kim (Hg.), The generative society: Caring for future generations. American Psychological Association. S. 15–31.
Messina, R., Brodzinsky, D. (2020): Children adopted by same-sex couples: Identity-related issues from preschool years to late adolescence. Journal of Family Psychology, 34(5). S. 509–522.
Mikulincer, M, Shaver, P. R. (2007): Attachment in adulthood: Structure, dynamics, and change. Guilford.
Musschenga, B. (2009): Was ist empirische Ethik? Ethik in der Medizin 21(3). S. 187–199.
Nauck, B. (2014): Value of children and the social production of welfare. Demographic Research, 30. S. 1793–1824.
Schölmerich, A. (2018): Entwicklungspsychologische Aspekte der Leihmutterschaft. In E. Schramm, M. Wermke (Hg.), Leihmutterschaft und Familie. Springer. S. 209–219.
SPD, Grüne, FDP (2021): Koalitionsvertrag 2021–2025. https://www.spd.de/fileadmin/Dokumente/Koalitionsvertrag/Koalitionsvertrag_2021-2025.pdf

Strauß, B. (2018): Psychosoziale Aspekte der ungewollten Kinderlosigkeit. In E. Schramm, M. Wermke (Hg.), Leihmutterschaft und Familie. Springer. S. 191–207.
Van den Akker, O. B. (2017): Surrogate motherhood families. Palgrave Macmillan.
Wegar, K. (2000): Adoption, family ideology, and social stigma: Bias in community attitudes, adoption research, and practice. Family Relations, 49(4), S. 363–370.
Whittaker, A., Inhorn, M. C., Shenfield, F. (2019): Globalized quests for assisted conception: Reproductive travel for infertility and involuntary childlessness. Global Public Health, 14(12). S. 1669–1688.

SPRINGER NATURE

GPSR Compliance

The European Union's (EU) General Product Safety Regulation (GPSR) is a set of rules that requires consumer products to be safe and our obligations to ensure this.

If you have any concerns about our products, you can contact us on ProductSafety@springernature.com

In case Publisher is established outside the EU, the EU authorized representative is:

Springer Nature Customer Service Center GmbH
Europaplatz 3
69115 Heidelberg, Germany

The manufacturer's authorised representative in the EU is Springer Nature Customer Service Centre GmbH, Europaplatz 3, 69115 Heidelberg, Germany. If you have any concerns regarding our products, please contact ProductSafety@springernature.com

Printed and bound by CPI Group (UK) Ltd, Croydon, CR0 4YY
25/03/2026
02078185-0003